따뜻한 여사의 5분 컷

전자레인지 레시피 100

따뜻한 여사(김수림) 지음

CYPRESS
싸이프레스

※ 일러두기 ※

전자레인지 레시피 조리 시 꼭 지켜 주세요!

❶ 모든 요리는 반드시 내열 그릇 또는 내열유리 저장 용기 등 전자레인지용 그릇을 사용하세요.

❷ 그릇에 재료를 담고 전자레인지에 돌리기 전 반드시 전자레인지용 뚜껑이나 덮개를 덮어 주세요.

❸ 뚜껑이나 덮개가 없다면 비닐랩을 씌운 다음 증기 구멍을 뚫어 주세요.

❹ 이 책에서 사용한 전자레인지는 700W입니다.

❺ 1000W 전자레인지로 조리시 책에 있는 요리의 조리 시간 나누기 1.5를 해 주세요.

㉄ 9(분) ÷ 1.5 = 6(분)

※조리 시간이 깔끔하게 나누어지지 않을 때는 반올림해서 조리해 주세요(2.66분이 나올 경우 3분, 2.33분이 나올 경우 2분).

전자레인지 요리에 오신 걸 환영합니다

바쁘거나 귀찮을 때
요리하기 부담스러울 거예요.
간편하게 먹고 싶은데 대충 때우기는 서운하고,
번번이 사 먹는 건 너무 비싸죠?
그럴 때 전자레인지로
쉽고 간편하게 요리해 보세요.

지금부터 요리는 전자레인지에 맡기고
한 시간 더 주무세요!

프롤로그

저는 전자레인지에 특별한 사연이 있어요.

고3 때 입시에 실패했습니다. 지금 생각해 보면 대단히 큰일도 아니었지만, 당시에는 제 인생의 첫 번째 쓰디쓴 좌절이었어요. 그러던 어느 날 할아버지께서 어깨가 축 처져 있는 저를 데리고 어디론가 가자고 하시더라고요. 집과 멀리 떨어진 곳에 있는 대학 입학을 기다리고 있던 때였어요. 원하던 대학을 가지 못한 데다가 집과 학교가 멀어서 난생처음 자취를 하게 되었지요.

터벅터벅 할아버지를 따라가는데 웬 가전제품 판매장 앞에 서시더라고요. 그러면서 "자취하려면 전자레인지가 있어야 하지 않니?"라며 전자레인지 한 대와 자취에 필요한 다른 가전을 사 주셨습니다. 그때 할아버지께서 사 주신 전자레인지와 함께 10년의 자취 생활을 했고 또 10년의 결혼 생활을 했습니다. 그리고 몇 년 전, 할아버지는 소풍을 마치고 하늘로 돌아가셨어요.

전자레인지는 잘 작동되다가 결혼 생활 동안 딱 한 번 망가졌었어요. 다행히 손 기술이 좋은 남편이 전자레인지보다 더 비싼 부품을 사서 교체해 준 덕에 지금까지 쓰고 있습니다. 저는 할아버지와의 소중한 추억이 담긴 전자레인지로 요리하는 것이 즐거웠습니다.

가만히 있어도 땀이 줄줄 흐를 만큼 더운 어느 날, 도저히 요리를 못하겠다는 생각이 들더라고요. 근데 저만 그런 것이 아니었어요. 그래서 지금까지 집에서 해왔던 전자레인지 활용 요리들을 되돌아보고, 전자레인지로만 요리할 수 있는 방법을 생각해봤습니다. 유튜브를 막 시작했기에 그동안 연구했던 전자레인지 레시피를 영상으로 나누면 좋을 것 같았어요. 결과는 폭발적이었습니다.

수많은 댓글 중에 유독 기억에 남는 댓글들이 몇 개 있습니다.

* * *

"회사 기숙사에서는 불을 쓸 수 없어서 요리하기 힘들었는데 큰 도움이 되었습니다."

"손이 불편한데, 밥도 해야 하고 도시락도 싸야 하고 아이 아침도 차려야 합니다. 알고리즘을 통해 알게 된 이 영상 덕에 손 안 쓰고, 불 안 쓰고 요리해서 많은 도움이 됩니다."

"맞벌이하는 부부여서 아이들 밥을 챙기기 힘들었는데, 아이들이 혼자서 요리해 먹을 수도 있는 레시피네요. 불을 쓰지 않기 때문에 위험하지도 않아 더 좋은 것 같습니다."

"요리를 너무 못해서 시도조차 안 했는데 올려 주신 전자레인지 레시피 덕분에 제대로 된 반찬들을 먹을 수 있게 되었어요."

* * *

불을 써서 요리하다 보면 불 조절도 신경 써야 하고 어떤 재료부터 넣어야 할지, 언제까지 끓여야 할지, 언제 뒤집을지 등 생각할 것이 너무 많습니다. 요리 좋아하는 저도 이런데, 몸이 불편한 분, 맞벌이 부부의 자녀, 연로한 어르신은 요리하기가 얼마나 더 힘이 들까요. 하지만 전자레인지 요리는 내열 그릇에 재료와 양념을 담아 버튼 한 번만 누르면 완성되니 누구나 쉽고 편하게 요리할 수 있어요. 심지어 요리가 완성되는 동안 다른 일도 수월하게 볼 수 있습니다.

몸과 마음이 바쁜 요즘 사람들. 요리하는 시간을 낸다는 것은 정말 보통 일이 아닙니다. 저 역시 어린 자녀를 키우면서 프리랜서 일을 하다 보니 어떻게 하면 아이들과 몇 분이라도 더 눈을 마주치고 시간을 보낼 수 있을까 고민하게 되더라고요. 그럴 때 전자레인지 요리가 큰 도움이 되었습니다.

이 책은 복잡한 조리 과정, 비싼 재료, 일반 가정에는 없는 희귀한 양념이 들어가지 않습니다. 우리가 장 볼 때 흔히 먹는 재료, 집에 있는 양념을 사용해 레피시를 만들었어요. 또 전자레인지에 그릇을 넣었다 뺐다 하지 않고 한 번만 돌리면 완성될 수 있도록 개발했습니다.

제 채널 '따뜻한 여사' 구독자 여러분과 이 책을 구매하신 독자 여러분께 《따뜻한 여사의 5분 컷 전자레인지 레시피 100》이 도움이 되길 바라며, 이 요리에 쓰인 전자레인지를 사 주신 할아버지께 감사의 말을 전합니다.

따뜻한 여사 김수림

따뜻한 여사의 5분 컷

전자레인지 레시피 100

차례

PART 1

7분 컷! 한 끼 식사 메인 요리

PART 2

7분 컷!
속 든든한 국 얼큰한 찌개

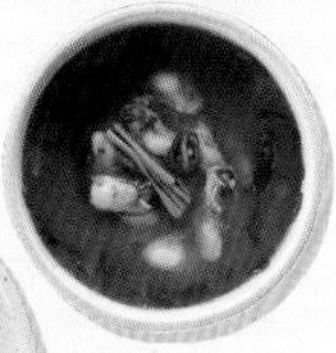

PART 3

6분 컷! 집밥 필수 밑반찬

PART 4

6분 컷! 탄수화물 제로 다이어트 레시피

PART 5

3분 컷! 두고두고 먹는 저장 식품

PART 6

5분 컷! 분위기 내는 홈카페 디저트

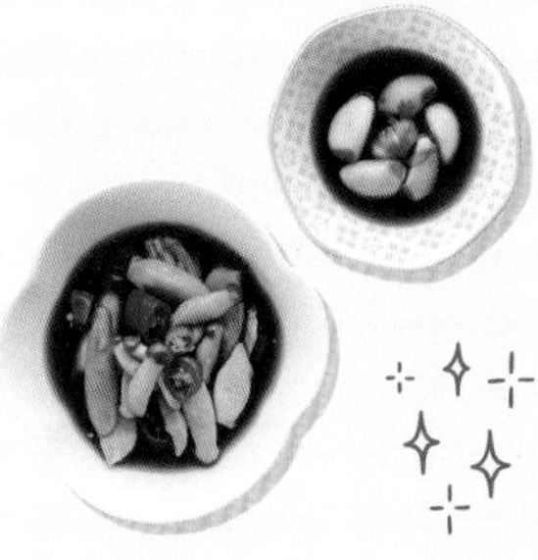

전자레인지 이해하기

4인 이상 가구도, 혼자 사는 자취생도 갖고 있는 전자레인지!
전자레인지에 대해 알아보아요.

전자레인지 구조

❶ 조작부 ❷ 조리실 ❸ 조리대(회전판) ❹ 전자파출구 ❺ 투시창

전자레인지 청소법

- **조리대(회전판)**: 회전판은 주기적으로 설거지해 주세요.
- **조리실**: 조리용이 아닌 내열 그릇에 물 250ml와 구연산 5ml를 넣고 3분 동안 돌리세요. 문을 열면 습기가 가득 차 있을 텐데 행주나 부드러운 수세미로 닦아 주면 음식물 찌꺼기나 묵은 때를 깨끗이 닦을 수 있고 냄새도 제거돼요.
- **외부**: 베이킹소다를 물에 탄 다음 분무기에 넣고 뿌리거나 행주에 묻혀 닦아요.

전자레인지 요리, 이래서 좋아요

좋아요

- 빠른 시간에 조리가 가능해요.
- 조작이 간단해서 남녀노소 누구나 사용할 수 있어요.
- 짧은 시간 조리하고 불에 가열하지 않기 때문에 영양소가 보존돼요.
- 정해진 시간만 돌리면 되기 때문에 누가 만들어도 일정한 맛을 유지할 수 있어요.
- 뜨거운 불을 다룰 필요가 없어서 화상 염려가 없어요.
- 콘센트만 있으면 어디에나 두고 사용할 수 있어요.

아쉬워요

- 열이 고르게 분산되지 않아서 재료 두께에 따라 익는 데 차이가 있어요.
- 소위 말해 '불맛'을 내기는 힘들어요.

이 책 활용하기

버섯

팽이버섯 베이컨말이

머스터드를 찍어서 한입에 쏙~ 아이도 어른도 좋아하는 핑거푸드!

- **사용 용기:** 내열 그릇
- **재료(2인분):** 팽이버섯 150g, 베이컨 130g, 부추 60g
- **소스:** 시판용 머스터드소스

1 팽이버섯의 지저분한 밑동은 잘라서 버리고 부추는 팽이버섯 길이와 비슷하게 잘라서 준비해요.

2 베이컨을 도마 위에 펼쳐 놓고 팽이버섯과 부추를 적당히 넣어 돌돌 말아요.

3 전자레인지에 7분 돌려요.

7min

Tip

① 내열 그릇에 베이컨 말이를 겹쳐서 넣어도 서로 붙지 않아요.
② 통후추를 뿌리면 예쁘게 마무리돼요.

59

1

요리를 재료별로 엮었어요.

한 가지 재료를 다양하게 활용하기 좋아요. 매일 같은 음식만 먹지 말고 한 가지 재료로 여러 요리를 해 보세요.

2

시간을 따로 표시해 주었어요.

시간이 나와 있어서 얼마나 걸리는지 직관적으로 확인할 수 있어요.

3

팁을 적어 주었어요.

1분 더 돌리면 타지 않을까, 소금 간은 더 해도 될까 등등 요리하다 궁금할 만한 내용, 혹은 알아 두면 좋을 꿀팁을 적어 두었으니 꼭 참고하세요.

kind
lady

전자레인지 Q&A

Q. 700W랑 1,000W랑 어떤 차이가 있나요?

A. 우리가 흔히 편의점 전자레인지를 사용할 때 혹은 전자레인지 음식을 데워 먹을 때 '700W에서는 2분, 1,000W에서는 1분 30초'라는 문구를 보게 돼요. 여기서 말하는 W(와트)는 출력을 의미합니다. 전자레인지를 구매할 때 제조명과 모델명 표시된 곳을 보면 소비전력 또는 정격 소비전력과 MWO 출력(열원) 또는 정격 고주파 출력을 표시하는 칸이 있어요. 둘 다 단위가 W여서 우리 집 전자레인지가 700W인지, 1,000W인지 헷갈릴 수도 있어요. 이럴 때는 MWO 출력(열원) 또는 정격 고주파 출력의 숫자를 확인하면 됩니다. 숫자가 높을수록 즉, 700W보다 1,000W가 음식을 더 빨리 데울 수 있지만 가정에서 사용하는 전자레인지는 700W면 충분해요. 가격도 700W가 훨씬 저렴합니다.

Q. 전자레인지 전자파가 건강에 해로운가요?

A. 전자레인지의 전자파인 마이크로파는 전자레인지 안에 있는 금속판에만 반사되는 것이지 그 자체가 기계 밖으로 빠져나오는 것은 아니에요. 또한 전자파는 전자레인지뿐만 아니라 휴대전화를 포함해 모든 전자기기에서 나온답니다. 국립전파연구원에 따르면 기본적으로 일상에서 사용하는 가전제품의 경우 인체에 노출돼도 큰 문제가 없다고 설명하고 있어요. 그래도 전자파에 노출이 적을수록 좋으니, 어떤 가전제품이든 30cm 이상 떨어져 사용는 것이 좋아요.

Q. 전자레인지에 음식을 돌리면 영양소가 파괴되지 않나요?

A. 모든 식재료는 가열하는 순간 영양소가 어느 정도 파괴돼요. 전자레인지는 상대적으로 가열 속도가 빠르고 끓는 물이나 불에 직접 닿지 않아 비타민 C나 미네랄 등의 영양소는 가스 불에서 조리했을 때보다 덜 파괴된다고 해요. 다만 브로콜리는 전자레인지에 돌렸을 때 항산화 성분이 97%나 파괴된다고 하니 참고하세요.

자료 참고 http://www.bombit.or.kr/sub5/sub4_view.asp?idx=127
https://terms.naver.com/enry.naver?docId=3409049&cid=60335&categoryId=60335
https://terms.naver.com/entry.naver?docId=1526659&cid=47326&categoryId=47326

전자레인지 주의 사항

◦ 플라스틱이나 비닐 재질은 너무 오래 데우지 않아요

가정에서 냉동식품을 데울 때는 내열 그릇에 담아 데우세요. 상황이 여의찮아 비닐 재질의 완제품을 통째로 데운다면 포장지에 적힌 조리 시간대로만 데우세요.

◦ 스테인리스 재질 사용은 절대 안 돼요

전자레인지 안에는 금박, 은박 무늬가 들어간 그릇은 물론 스테인리스, 알루미늄, 캔 등 금속 재질은 넣지 마세요. 전자기파가 그릇에 반사돼 조리가 되지 않을 뿐 아니라 불꽃이 일어 화재 위험이 있어요. 같은 이유로 빈 전자레인지를 작동시키면 안 돼요.

◦ 불이 나도 문을 열지 않아요

불이 났다고 문을 열면 산소와 닿아 더 큰 화재를 일으킬 수 있어요.
불꽃이 보이면 즉시 정지 버튼을 누르고 코드를 빼요.

◦ 공기가 빠져나가지 못하면 폭발 위험이 있어요

완전히 밀봉된 패키지는 물론 달걀, 밤, 아몬드 등 딱딱한 껍질에 쌓인 재료를 그대로 넣으면 폭발 위험이 있어요. 어떤 음식을 데우든 전자레인지에 넣을 때는 공기가 통할 수 있는 구멍을 내거나 잘라서 넣어야 해요. 심지어 달걀노른자도 구멍을 내지 않으면 터질 수 있으니 주의하고, 요리마다 정보 글을 잘 확인해 주세요.

◦ 주기적으로 청소해 주세요

전자레인지가 오염되면 전자파 효율이 떨어져 화재 원인이 될 수 있어요. 안팎을 정기적으로 청소해요.

책 속 전자레인지 용기

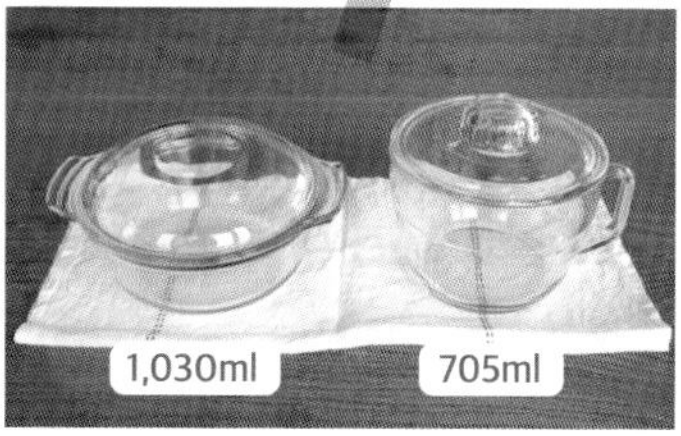

⊕ 위의 용기로 조리시 뚜껑을 닫고 돌리세요.

글락스락 렌지쿡 전자레인지 용기

1,030ml 용기는 찌개나 전골, 볶음밥 등 거의 모든 요리를 만들 수 있어요. 705ml는 국이나 계란찜 만들 때 좋아요.

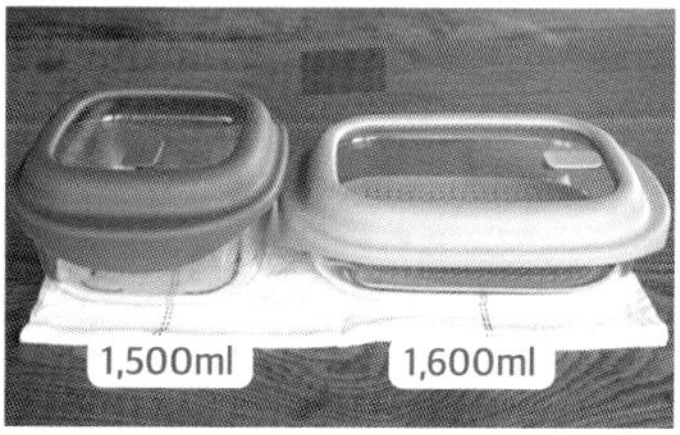

⊕ 위의 용기로 조리시 뚜껑은 닫고 증기 구멍을 연 상태로 돌리세요.

락앤락 바로 한 끼 간편조리 용기

왼쪽은 여기저기 두루 쓸 수 있어요. 오른쪽은 대용량 요리할 때 쓰면 좋아요.

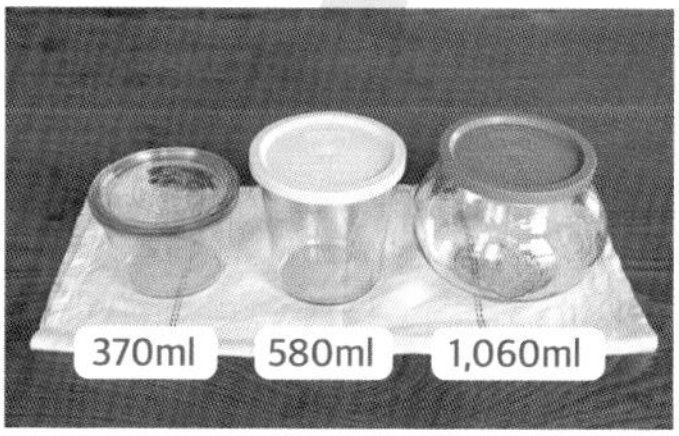

⊕ 위의 용기로 조리시 전용 유리 뚜껑을 닫고 돌리거나 비닐랩을 씌운 다음 젓가락으로 증기 구멍을 낸 뒤 돌리세요.

Weck 용기
(순서대로 No.741, No.742, No.748)

용량 적은 반찬, 피클이나 장아찌류 만들 때 좋아요. 실리콘 뚜껑과 유리 뚜껑을 골라 사용할 수 있어요.

책 속 계량법

1컵 = 180ml

물, 맛술, 간장 등을 컵으로 계량할 때가 있어요. 종이컵 기준으로 사진 정도 따랐을 때 1컵이라고 해요. 가득 채우면 200ml, 반만 채우면 90ml 정도 된답니다.

⊕ 종이컵이나 계량컵도 없다면 자주 쓰는 컵에 물을 12큰술 담아 어느 정도 차는지 기억해 두고 기준으로 삼으세요.

큰술(15ml)
작은술(5ml)

가루류나 장류는 큰술, 작은술로 계량해요. 큰술은 가정에서 쓰는 아빠 숟가락, 작은술은 티스푼을 말해요. 1큰술, 1작은술 모두 숟가락에 양념을 담뿍 담았을 때를 기준으로 해요.

가루류
1큰술(12g)

설탕, 소금, 밀가루 등은 큰술로 계량해요. 가득 채웠을 때 1큰술, 가득 채웠다가 윗면을 깎아 평평하게 했을 때 1/2큰술이라고 해요.

⊕ 밀가루 1큰술은 7g 정도 돼요.

장류
1큰술(21g)

고추장, 된장 등 장류를 넣을 때 계량한 양이에요. 양념의 윗면을 깎아 평평하게 했을 때를 1/2큰술이라고 해요.

액체류
1큰술(15ml)

물, 간장, 참치액 등을 계량한 양이에요.

가루류
1작은술(4g)

밀가루, 설탕, 소금 등을 작은술로 계량한 양이에요.

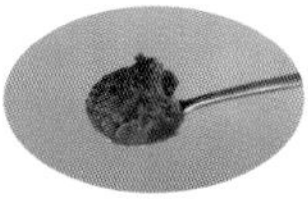

장류
1작은술(7g)

고추장, 된장 등을 작은술로 계량한 양이에요.

감자, 고구마 익히기

감자

- **사용 용기:** 내열 그릇
- **재료:** 감자 400g(4~5개)

감자를 잘 씻어서 반으로 자른 다음 내열 그릇에 넣고 9분 돌려요.

⊕ 2개일 땐 5분 돌려요.

고구마

- **사용 용기:** 내열 그릇
- **재료:** 고구마 400g(4~5개)

고구마를 잘 씻어서 반으로 자른 다음 내열 그릇에 넣고 9분 돌려요.

⊕ 2개일 땐 5분 돌려요.

Tip
물은 넣지 않아도 돼요.

PART 1.

7분 컷!
한 끼 식사 메인 요리

매콤 닭갈비

춘천에 가지 않아도 먹을 수 있는 매콤한 닭갈비.

- **사용 용기:** 내열 그릇
- **재료(2인분):** 닭다리살 350g, 양배추 100g, 대파 12g(3cm 정도), 당근 10g(손가락 길이 정도), 양파 1/4개
- **양념:** 고추장 1/2큰술, 고춧가루 2.5큰술, 간장 3큰술, 설탕 1큰술, 소금 1작은술, 다진 마늘 1큰술, 카레가루 1작은술, 맛술 1/3컵, 후추와 깨 조금

1 내열 그릇에 양념 재료를 넣고 섞어요.

2 양념에 닭다리살과 한입 크기로 뜯은 양배추를 넣어요.

3 양파, 대파, 당근은 채 썰어 1과 섞어요(양배추가 숨이 죽을 때까지 섞어 주세요).

4 냉장고에서 20분 동안 재워요.

5 전자레인지에 9분 돌려요.

6 전자레인지에서 꺼낸 다음 후추 조금과 깨를 넣고 한 번 섞어 마무리해요.

Tip

가위로 고기를 잘게 잘라서 국물과 함께 밥을 비벼 먹거나 볶아 먹어도 맛있어요.

데리야키 닭날개구이

5,000원으로 만드는 윙 요리!
아이들이 무척 좋아해요.

- **사용 용기:** 내열 그릇
- **재료(2인분):** 닭 날개 7개(약 192g), 양파 반 개
- **양념:** 간장 4큰술, 맛술 4큰술, 올리고당 1작은술, 매실액 1작은술, 소금 한 꼬집, 다진 마늘 1작은술

---

1 양파를 채 썬 다음 내열 그릇 바닥에 깔아요.

2 양념을 섞어 닭 날개와 버무린 다음 양파 위에 올려요.

3 전자레인지에 넣고 7분 돌려요.

고등어갈비

고등어 요리할 때 양념이 튀고 비린내가 나서
괴로웠다면 이렇게 해 보세요.

5min

- **사용 용기:** 내열 그릇
- **재료(2인분):** 손질 고등어 1마리, 양파 1/4개, 대파 1/4대(손가락 길이 정도)
- **양념:** 다진 마늘 1큰술, 멸치액젓 1큰술, 맛술 1큰술, 고춧가루 1/2큰술, 고추장 1/2큰술

1 고등어갈비 양념을 만들어 두어요.

2 양파, 대파를 잘게 썰어 고등어갈비 양념과 섞어요.

3 고등어 등 부분이 내열 그릇에 닿도록 놓고 양념을 골고루 올려요.

4 전자레인지에 5분 돌려요.

Tip

레몬즙을 뿌려 먹으면 더 맛있어요.

마요네즈삼치구이

생선구이, 기름 튀어서 힘들었죠?
마요네즈랑 된장만 있으면 안전하고 우아하게 해 먹을 수 있어요.

- **사용 용기:** 내열 그릇
- **재료(1인분):** 삼치 한 조각(60g-뼈 없는 냉동 삼치 한 조각 기준)
- **소스:** 마요네즈 1/2큰술, 맛술 1/2큰술, 된장 1작은술

1 마요네즈, 맛술, 된장을 섞어서 삼치구이 소스를 만들어요.

2 삼치 앞뒤로 소스를 발라요.

3 전자레인지에 5분 돌려요.

4 삼치 위에 후추를 뿌려 마무리해요.

Tip
제철 생삼치로 요리하면 더 맛있어요.

잡채

어렵고 복잡하다고 생각했던 잡채!
전자레인지로 손쉽게 만드세요.

- **사용 용기:** 내열 그릇
- **재료(2인분):** 돼지고기 잡채용 100g, 양배추 50g(한 줌), 양파 50g, 당근 30g, 부추 10g, 당면 70g, 참기름과 깨(취향껏)
- **고기 밑간:** 소금 1/2작은술, 후추 조금, 다진 마늘 1작은술
- **양념:** 굴소스 1큰술, 간장 1큰술, 맛술 1큰술, 올리고당 1큰술

1 당면을 30분 동안 물에 불려요(재료를 섞을 때 물은 버려요).

2 양배추는 2cm(손가락 한 마디 길이 정도)로 자르고 당근과 양파는 채 썰어 두세요. 부추는 5cm(엄지손가락 길이 정도)로 잘라요.

3 고기는 밑간을 해 두어요.

4 1, 2, 3에서 준비한 재료를 큰 볼에 넣은 다음 양념을 넣고 잘 섞어요.

5 내열 그릇에 담아 전자레인지에 7분 돌려요.

6 참기름과 깨를 넣고 젓가락으로 잘 섞어요.

Tip

전자레인지에 7분 이상 돌리면 잡채가 타기 때문에 시간을 꼭 지켜 주세요.

고기

고기듬뿍카레

10 min

밥에 비벼 입에 넣으면 부드럽게 넘어가는 카레,
남녀노소 누구나 좋아하지요.

- **사용 용기:** 내열 그릇
- **재료(2인분):** 당근 10g, 애호박 10g, 양파 80g(1/2개), 감자 50g(1/2개), 돼지고기나 소고기 다짐육 100g, 카레가루 11큰술(85g), 물 300ml(1.7컵 정도)

1 내열 그릇에 물을 넣고 전자레인지에 1분 돌려요.

2 전자레인지로 데운 물에 카레가루를 넣고 섞어요(가루가 완전히 녹지 않아도 괜찮아요).

3 준비한 재료를 잘게 다져서(달걀말이에 넣는 크기 정도) 카레물에 넣어요.

4 준비한 다짐육을 넣고 섞은 다음 전자레인지에 9분 돌려요.

5 카레를 꺼내 후추를 조금 뿌리고 숟가락으로 한 번 섞은 다음 뚜껑을 닫고 3분간 뜸 들여요.

Tip

① 고기는 돼지고기나 소고기 등 어떤 고기를 써도 괜찮아요.
② 저는 주로 카레여왕을 사용해요. 쌀가루 베이스라 속이 편하더라고요.
③ 감자가 덜 익었다면 1~2분 더 돌려요.

삼겹살숙주찜

5분 만에 만들어 온 가족이 먹을 수 있는 영양 만점 요리!

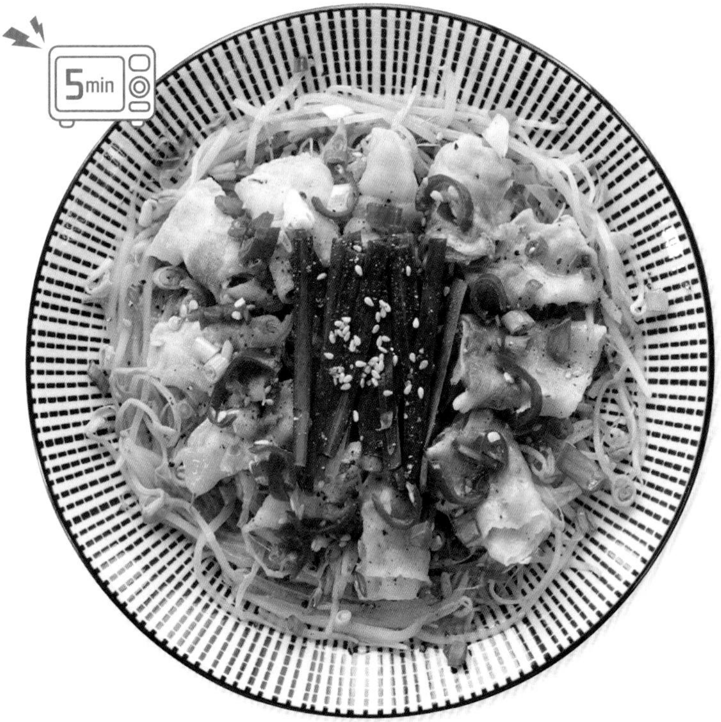

- **사용 용기:** 내열 그릇
- **재료(2인분):** 숙주 150g, 대패 삼겹살 300g
- **소스:** 진간장 2큰술, 매실청 1큰술, 식초 1큰술, 설탕 1큰술, 물 2큰술

1 내열 그릇에 숙주를 깔고 그 위에 대패 삼겹살을 올려요.

2 고기에 소금을 솔솔 뿌려 주세요.

3 전자레인지에 5분 돌려요.

4 소스에 삼겹살과 숙주를 찍어 먹어요. 부먹도 좋아요.

매콤 부추삼겹살구이

삼겹살 기름 튀면서 굽지 마세요. 술안주, 밥반찬 모두 Good!

- **사용 용기:** 내열 그릇
- **재료(2인분):** 삼겹살 300g, 양파 반 개, 쪽파, 홍고추 반 개, 부추 10g
- **양념:** 고추장 1큰술, 올리고당 1큰술, 매실액 1큰술, 맛술 4큰술, 간장 2큰술, 참치액 2큰술, 고춧가루 1.5큰술, 다진 마늘 1큰술, 생강 1작은술, 식용유 1작은술, 후추 약간

1 내열 그릇에 양념 재료를 넣고 잘 섞어요.

2 한입 크기로 자른 삼겹살, 채 썬 양파와 홍고추를 넣고 잘 섞은 다음 냉장고에서 20분 동안 재워요.

3 전자레인지에 9분 돌려요.

4 전자레인지에서 요리를 꺼내자마자 부추를 섞어요.

Tip

① 고기와 상추를 잘게 잘라서 참기름을 뿌린 다음 밥과 같이 비벼 먹어도 맛있어요.
② 부추 대신 대파를 잘게 썰어 넣어도 돼요.

고기

보쌈과 무김치

10분 만에 만드는 무수분 보쌈!
이렇게 쉬울 줄 몰랐죠?

- **사용 용기**: 내열 그릇
- **재료(2인분)**: 삼겹살 300g, 양파 2/3개(작은 양파 1개), 마늘 4쪽
- **소스(고기 밑간용)**: 된장 1/2큰술, 맛술 2큰술, 허브솔트 1작은술

1 양파는 채 썰어 내열 그릇 바닥에 깔고 마늘 4쪽을 편으로 썰어 그 위에 듬성듬성 올려요.

2 삼겹살은 2~3등분(내열 그릇에 넣기 편한 크기)하고 소스를 만들어 겉면에 고루 발라요.

⊕ 비닐 장갑이나 요리용 장갑을 끼고 손으로 바르면 골고루 바를 수 있고 잘 스며들어요.

3 전자레인지에 10분 돌린 다음 꺼내서 먹기 좋게 썰어요.

무김치 만들기

- **재료**: 무 1/4개
- **양념**: **절임**-소금 1/2큰술, 물엿 1큰술 / **버무림**-고춧가루 2큰술, 다진 마늘 1작은술, 멸치액젓 2큰술, 다진 생강 1/2작은술, 매실액 1작은술, 깨 약간

1 무 1/4개를 두께 1cm, 길이는 엄지손가락 길이 정도로 썰어요.
2 무에 소금과 물엿을 넣고 20분 동안 절여요.
3 무를 꽉 쥐어서 물기를 짜 버려요.
4 버무림 양념을 만들어 무와 잘 섞어 주세요. 고소하게 먹고 싶으면 참기름 1작은술을 더 넣어요. 깨는 마지막에 뿌려 주세요.

돼지고기 버터배추찜

배추찜에 버터 넣어 보셨어요? 안 해 보셨다면 꼭 해 보세요!
버터와 돼지고기가 정말 잘 어울려요.

- **사용 용기:** 내열 그릇
- **재료(2인분):** 돼지고기 앞다리살 200g, 배추 300g, 버터 한 조각(10g), 소금 1/2큰술, 다진 마늘 1/2큰술, 맛술 4큰술, 후추 약간
- **소스**: 새우젓 1큰술, 다진 마늘 1큰술, 다진 양파 1/6개, 다진 대파 1큰술, 다진 고추 1큰술, 고춧가루 1큰술, 설탕 1/2큰술, 참기름 1/2큰술, 깨(취향껏)
- **맵지 않은 소스**: 간장 4큰술, 맛술 1큰술, 설탕 1큰술, 식초 1작은술, 후추 조금

Tip

그냥 소스와 맵지 않은 소스 둘 중 하나를 선택해 꼭 찍어 드세요. 곁들여 먹으면 정말 맛있어요.

---

1 배추는 3㎝가량 한입 크기로 자르고 돼지고기도 한입 크기로 잘라서 준비해요.

2 돼지고기에 소금, 다진 마늘, 맛술, 후추를 넣어 밑간해요.

3 내열 그릇에 배추를 깐 다음 밑간한 돼지고기⋯›배추⋯›돼지고기⋯›배추 순으로 쌓아요(맨 위에 배추가 올라와야 해요).

4 전자레인지에 8분 돌려요.

5 뜨거운 상태에 버터를 한 조각 올린 다음 잘 섞어서 소스에 찍어 먹어요.

삼겹살김치찜

배달 시간보다 더 빨리 만들어 먹는 김치찜 어때요?

- **사용 용기**: 내열 그릇
- **재료(2인분)**: 구이용 얇은 삼겹살 400g, 포기김치 300g(2/3포기), 홍고추와 쪽파 약간(생략 가능)
- **양념**: 맛술 5큰술, 김칫국물 3큰술, 간장 1큰술, 고춧가루 1/2큰술, 다진 마늘 1/2큰술, 후추 조금, 통깨(취향껏)

1 길쭉한 김치에 삼겹살을 올린 뒤 돌돌 말아 내열 그릇에 넣고 냉장고에 20분 두세요.

2 김치 두른 삼겹살을 꺼낸 다음 양념을 넣고 전자레인지에 10분 돌려요(덜 익었다면 1~2분 더 돌려요).

3 통깨와 쪽파, 가늘게 통째썰기한 홍고추를 뿌려 마무리해요.

Tip

통째썰기
주로 동그란 재료를 가로로 평행하게 통째로 내리 써는 방법이에요.

고기

제육볶음

국민 요리 제육볶음! 8분 만에 완성해요.

- **사용 용기:** 내열 그릇
- **재료(2인분):** 돼지고기 앞다리살 200g, 양배추 100g, 양파 50g, 후추와 깨(취향껏)
- **양념:** 고추장 1큰술, 고춧가루 1큰술, 맛술 2큰술, 간장 2큰술, 올리고당 1큰술, 참치액젓 1큰술, 다진 마늘 1 작은술

1 앞다리살을 3cm가량 썰어 양념에 넣어요.

2 양배추는 손가락 한 마디 길이, 양파는 채 썰고 대파는 어슷 썰어서 고기와 양념을 넣은 그릇에 넣고 같이 섞어요.

3 양배추는 숨이 죽을 때까지 30분 동안 냉장고에 재워요.

4 전자레인지에 9분 돌려요.

5 후추와 깨를 뿌려 마무리해요.

Tip

양배추를 넣어야 고기가 서로 붙지 않으니 꼭 양배추를 넣어 주세요.

국물떡볶이

매콤달콤한 국물떡볶이를 언제든 집에서 만들어 먹을 수 있어요.

10 min

- **사용 용기:** 내열 그릇
- **재료(1인분):** 떡 200g(14개 정도), 어묵 한 장(52g), 삶은 달걀 1개, 물 150ml
- **양념:** 참치액 1큰술, 고추장 1큰술, 설탕 1큰술, 간장 1큰술, 고춧가루 2큰술

1 어묵을 먹기 좋게 잘라요.

2 양념 재료를 잘 섞어서 떡볶이 양념을 만들어요.

3 내열 그릇에 떡, 어묵, 양념을 넣은 다음 물을 부어서 전자레인지에 10분 돌려요.

4 삶은 달걀을 반 잘라서 올려요.

Tip

얇은 떡으로 하면 더 맛있어요. 위에 모차렐라치즈가루를 올려서 전자레인지에 돌려도 좋아요.

순대볶음

맛있는 순대가 탱글탱글! 양념 튈 일 없이 깔끔하게 만들어요.

- **사용 용기**: 내열 그릇
- **재료(2인분)**: 순대 300g, 양배추 100g, 당근 30g, 들깻가루 1작은술, 깨(취향껏)
- **양념**: 간장 2큰술, 설탕 1큰술, 다진 마늘 1큰술, 생강 1/2작은술, 고추장 1큰술, 고춧가루 1.5큰술, 미림 2큰술, 멸치액젓 1큰술

1 순대는 손가락 한 마디 정도 두께로 먹기 좋게 자르고, 양배추도 2cm 정도 길이로 잘라요. 당근은 얇게 썰어 놔요.

2 양념을 만들어 준비한 재료와 가볍게 섞어요.

➕ 양배추가 숨이 죽을 때까지 섞어 주세요.

3 내열 그릇에 넣고 전자레인지에 6분 돌려요.

4 들깻가루와 깨를 뿌려 가볍게 섞어요.

Tip

① 섞을 때 너무 세게 섞으면 순대가 터질 수도 있으니 가볍게 섞어 주세요.
② 깻잎을 좋아하면 3장 정도 자른 뒤 순대볶음을 전자레인지에서 꺼내자마자 섞어요.

감바스

우아한 브런치, 와인과 잘 어울리는 감바스로
특별한 기분을 맛 보세요.

- **사용 용기:** 내열 그릇
- **재료(1인분):** 칵테일 새우 140g, 새송이 76g(한 줌 정도), 마늘 7알, 브로콜리 15g, 베트남고추 4개, 올리브오일 2/3컵(120g), 바게트

1 내열 그릇에 올리브오일을 붓고 마늘과 버섯은 편 썰어 넣어요. 나머지 재료들도 모두 함께 넣어요.

2 전자레인지에 5분 돌려요.

Tip

바게트처럼 심심한 빵을 곁들여 먹으면 맛있어요. 바게트가 아니더라도 식빵이나 치아바타처럼 다른 빵을 같이 먹어도 좋아요. 불 쓰기 싫은 분은 토스터를 이용해 구워 드세요.

새우소금구이

이렇게 간단한 것을! 새우구이 비싼 돈 주고 사 먹지 마세요.

- **사용 용기:** 내열 그릇
- **재료(2인분):** 새우 6마리, 굵은소금 1/2컵

1 내열 그릇 바닥에 굵은소금을 깔아요.
2 새우를 굵은소금 위에 올려요.
3 전자레인지에 2분 30초 돌려요.

* 해산물 *

오징어볶음

너무 많이 볶아서 질겨질 걱정 없는 오징어볶음!

- **사용 용기:** 내열 그릇
- **재료(2인분):** 오징어 200g, 양파 1/4개, 당근 20g, 대파 20g, 청양고추나 홍고추 1개, 후추 약간
- **양념:** 간장 2큰술, 굴소스 1큰술, 고추장 1큰술, 고춧가루 1큰술, 올리고당 1큰술, 맛술 1큰술

1 오징어는 1cm가량 얇게 썰어요(손질된 절단 오징어를 써도 좋아요).

2 양파와 당근은 채 썰고 고추는 어슷썰기해요.

3 내열 그릇에 양념을 잘 섞어요.

4 양념에 오징어와 채소를 섞은 다음 냉장고에서 20분 동안 재워요.

5 전자레인지에 6분 돌려요.

6 후추를 조금 뿌리고 뒤적뒤적 섞어요.

Tip

냉장고에 뒀다가 따뜻한 밥에 비벼 먹어도 맛있어요.

* 고기 *

불고기

8min

메뉴 고민 귀찮을 때 8분 만에 완성하는 불고기!

- **사용 용기:** 내열 그릇
- **재료(2인분):** 불고기용 소고기 200g, 당근 10g(손가락 길이 정도), 양파 반 개, 대파 5g
- **양념:** 간장 3큰술, 설탕 1큰술, 굴소스 1/2큰술, 맛술 2큰술, 다진 마늘 1작은술, 참기름 1/2큰술

1 소고기를 한입 크기로 잘라요.

2 당근과 양파는 채 썰고 대파는 통째썰기해요.

3 내열 그릇에 양념 재료를 넣고 잘 섞어요.

4 잘라 놓은 소고기와 채소, 양념을 잘 섞어서 15분 동안 재워요.

5 전자레인지에 8분 돌려요.

6 전자레인지에서 꺼내 재료를 뒤집으면서 고루 섞어요.

Tip

전날 양념에 재워 놨다가 아침에 전자레인지에 돌려서 바로 먹어도 좋아요.

매콤 콩나물불고기

맛집 줄 설 필요 없어요.
너무너무 맛있어서 깜짝 놀랄 거예요.

- **사용 용기:** 내열 그릇
- **재료(2인분):** 콩나물 100g, 돼지고기 앞다리살 또는 냉동 대패 삼겹살 250g, 양파 반 개, 깻잎 3장(생략 가능), 참기름 1큰술
- **양념:** 양조간장 4큰술, 고춧가루 2큰술, 굴소스 1큰술, 설탕 1큰술, 다진 마늘 1큰술, 맛술 1큰술

---

1 콩나물과 고기, 채 썬 양파와 깻잎을 큰 볼에 넣어요.

2 재료를 넣은 볼에 양념을 넣고 가볍게 섞어요.

3 내열 그릇에 옮겨 담아 양념이 배도록 15분 동안 냉장고에 넣어 두세요.

4 전자레인지에 8분 돌려요.

5 참기름을 넣고 젓가락으로 가볍게 한 번 섞어요.

Tip

① 재료 준비할 때 붙어 있는 생고기들은 떼 주세요. 고기가 붙어 있으면 양념이 잘 배지 않아요.
② 콩나물을 미리 양념해 두어야 부피가 줄어요.

참치마요 김치말이밥

참지 마요!
한입에 쏙 넣기 좋은 든든한 참치마요 김치말이밥.

- **사용 용기:** 내열 그릇
- **재료(2인분):** 참치캔 한 캔(200g), 밥 300g, 김치 2/3포기, 마요네즈 2/3큰술, 들기름 1큰술, 깨(취향껏)

1 참치캔의 기름은 버리고 참치와 밥, 마요네즈를 섞어 준비해요.

2 밥 2숟갈 정도를 손으로 뭉쳐 타원형을 만든 다음 김치 위에 올려놓고 돌돌 말아요.

⊕ 너무 넓거나 긴 배추는 반으로 자르거나 일부를 잘라서 싸세요. 길이는 12cm가 적당해요. 너무 크면 짜요.

3 내열 그릇에 담아 전자레인지에 6분 돌려요.

4 들기름과 깨를 뿌려 마무리해요(참기름도 괜찮아요).

Tip

김치말이밥을 전자레인지에서 갓 꺼냈을 때는 건조해 보일 수 있는데 참기름이나 들기름을 뿌리면 윤기 나고 더 맛있어져요.

참치야채죽

몸 아플 때, 힘들게 저어 가면서 끓이지 마세요.

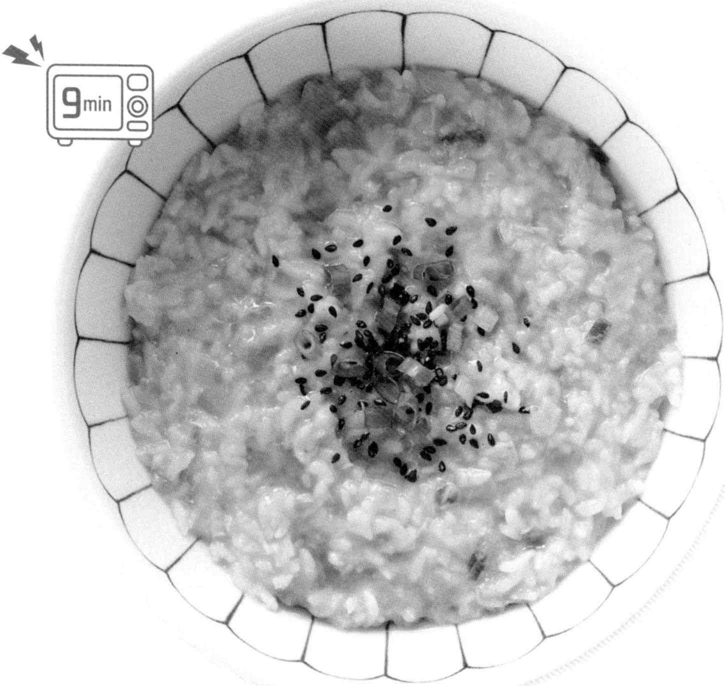

- **사용 용기:** 내열 그릇
- **재료(1~2인분):** 밥 210g(햇반 1개 양), 참치캔 85g, 당근 15g(엄지손가락 길이), 쪽파 반 줄기(대파로 대체 가능), 물 1.5컵(270ml), 간장 1큰술, 참치액 1큰술, 참기름과 깨(취향껏)

1. 당근과 쪽파를 다져서 준비해요(잘게 다질수록 좋아요).
2. 내열 그릇에 밥, 기름 뺀 참치, 다진 채소, 물, 간장, 참치액을 넣고 숟가락으로 섞어요.
3. 전자레인지에 9분 돌려요.
4. 전자레인지에서 꺼낸 다음 숟가락으로 잘 섞고 뚜껑을 덮어 5분 동안 뜸을 들여요.
5. 참기름과 깨를 뿌려 한 번 더 섞어요.

콩나물밥

숙취 해소와 갱년기 증상 완화에 좋은 콩나물밥, 쉽게 해 드세요.

- **사용 용기:** 내열 그릇
- **재료(1~2인분):** 콩나물 50g(한 줌), 돼지고기 앞다리살 다짐육(뒷다리살도 가능) 100g, 밥 300g
- **밑간:** 소금 1/2작은술, 다진 마늘 1/2작은술, 참기름 1작은술, 후추 조금
- **양념:** 간장 1큰술, 물 1/2큰술, 올리고당 1작은술, 참기름 1작은술, 깨 약간

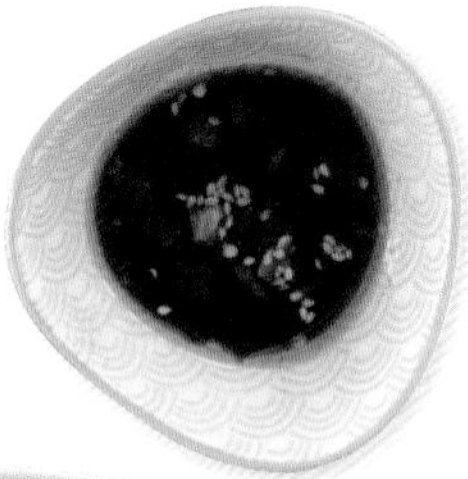

1 돼지고기에 밑간을 해 두어요.

2 밑간한 고기와 콩나물 한 줌을 가볍게 섞어요.

3 내열 그릇에 밥을 깔고 그 위에 고기와 콩나물 섞은 것을 올려요.

4 전자레인지에 넣고 6분 돌려요.

5 콩나물밥에 양념을 조금씩 넣어 비벼 먹어요.

6min

Tip

밥이 죽죽해지는 것이 싫다면 밥을 빼고 고기와 콩나물 섞은 것만 전자레인지에 돌린 다음 밥 위에 올려서 드세요.

매콤 비빔우동

볶음 우동만큼 맛있는 전자레인지 비빔 우동이에요.
밀키트보다 간편하게 해 먹을 수 있어요.

- **사용 용기**: 내열 그릇
- **재료(1~2인분)**: 냉장 생우동 210g, 냉동 칵테일 새우 6개(120g), 양배추 100g, 대파 20g(손가락 길이 정도), 양파 1/4개, 청양고추 1개, 참기름 1/2큰술, 후추와 깨(취향껏)
- **양념**: 간장 4큰술, 굴소스 1큰술, 올리고당 1큰술, 고춧가루 2큰술, 맛술 1큰술, 마늘 1/2큰술, 식용유 1/2큰술

1 양배추는 2cm 정도 길이로 자르고, 양파와 대파는 채썰기, 청양고추는 통채썰기해요.

2 양념에 새우와 채소를 섞은 다음 10분 정도 두세요.

3 내열 그릇에 생우동을 담고 위에 2를 올려서 전자레인지에 6분 돌려요.

4 기호에 따라 참기름과 후추, 깨를 뿌린 다음 젓가락으로 잘 섞어요.

Tip

생우동이 붙어 있어도 걱정하지 마세요. 채소를 넣으면 수분에 의해서 풀어지기 때문에 그대로 넣어도 좋아요.

크림파스타

고소함이 폭발하는 크림파스타, 10분 만에 만들어요.

Tip

① 매콤한 크림파스타가 먹고 싶다면 베트남고추 3개 정도를 넣어요.
② 2인분은 재료와 양념을 모두 2배로 넣은 다음 1분을 더해서 5분 돌리세요.

- **사용 용기:** 내열 그릇, 파스타쿠커
- **재료(1인분):** 파스타면 60g, 베이컨 2장, 크림파스타소스 1컵(180ml), 모차렐라치즈 4큰술, 양파 1/4개, 브로콜리 20g, 달걀 1개

1 파스타쿠커에 파스타 면을 넣은 다음 면이 잠길 정도로 물을 붓고 전자레인지에 6분 돌려요.

2 양파는 채 썰고, 브로콜리도 한입 크기로 잘라요. 베이컨은 손가락 길이 정도로 잘라주세요.

3 내열 그릇에 크림파스타소스와 삶은 면을 넣은 다음 양파, 브로콜리, 베이컨, 모차렐라치즈를 넣고 섞어 전자레인지에 4분 돌려요.

4 전자레인지에서 꺼내자마자 달걀노른자만 넣어요(느끼한 것이 싫다면 빼도 돼요).

토마토파스타

치즈가 쭉쭉 늘어나는 토마토 파스타, 10분 만에 만들어요.

- **사용 용기:** 내열 그릇
- **재료(1인분):** 파스타 면 60g, 토마토파스타소스 1.5컵(270ml), 모차렐라치즈 15g, 햄 25g, 브로콜리 10g, 파슬리가루(취향껏)

1 파스타쿠커에 파스타 면을 넣은 다음 면이 잠길 정도로 물을 붓고 전자레인지에 6분 돌려요.

2 물은 버리고 삶은 파스타 면을 내열 그릇에 넣어요.

3 면이 잠길 정도로 토마토파스타소스를 붓고 모차렐라치즈를 취향껏 뿌린 후 깍둑썰기한 햄과 먹기 좋은 크기로 자른 브로콜리를 올려요.

4 전자레인지에 4분 돌려요.

5 파슬리가루를 뿌려서 마무리해요.

Tip

① 햄은 스팸으로 하는 것이 좋지만 소시지를 넣어도 괜찮아요.
② 다른 그릇에 파스타 면을 삶을 경우 물이 넘칠 수 있으니 꼭 파스타쿠커를 사용해 면을 삶아요.

버섯리소토

전자레인지에 7분만 돌리세요. 벌써 리소토 완성!

- **사용 용기:** 내열 그릇
- **재료(1~2인분):** 새송이버섯 한 송이(64g), 생크림 2/3컵(120ml), 우유 반 컵(90ml), 밥 210g, 허브솔트 1작은술, 통후추(취향껏)

1 새송이버섯을 잘게 다져요.

2 내열 그릇에 새송이버섯을 넣고 생크림과 우유, 밥을 넣은 다음 허브솔트를 넣고 잘 섞어요.

3 전자레인지에 7분 돌려요.

4 순가락으로 섞은 다음 통후추를 뿌려요.

Tip

① 조금 더 질게 먹고 싶다면 전자레인지에 꺼내서 섞은 다음 뚜껑을 닫아 3분 동안 뜸들였다가 먹어요.
② 모차렐라치즈 한 술갈 넣고 2분 더 돌려 먹어도 맛있어요.

* 버섯 *

팽이버섯 베이컨말이

머스터드를 찍어서 한입에 쏙~ 아이도 어른도 좋아하는 핑거푸드!

- **사용 용기**: 내열 그릇
- **재료(2인분)**: 팽이버섯 150g, 베이컨 130g, 부추 60g
- **소스**: 시판용 머스터드소스

1 팽이버섯의 지저분한 밑동은 잘라서 버리고 부추는 팽이버섯 길이와 비슷하게 잘라서 준비해요.

2 베이컨을 도마 위에 펼쳐 놓고 팽이버섯과 부추를 적당히 넣어 돌돌 말아요.

3 전자레인지에 7분 돌려요.

7min

Tip

① 내열 그릇에 베이컨 말이를 겹쳐서 넣어도 서로 붙지 않아요.

② 통후추를 뿌리면 예쁘게 마무리돼요.

PART 2.

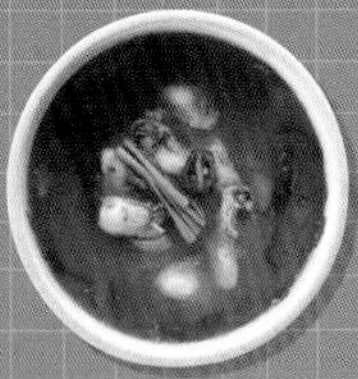

7분 컷!
속 든든한 국
얼큰한 찌개

감자달걀국

아침에 먹기 좋은 간단하지만 든든한 국.

- **사용 용기:** 내열 그릇
- **재료(2인분):** 달걀 2개, 감자 반 개, 대파 10g(손가락 길이 정도), 물 2컵(360ml), 소금 1작은술, 간장 1큰술, 참치액 1큰술, 후추 약간

1 감자는 3mm 정도로 얇게 썰고 대파는 통째썰기해요.

2 감자는 물에 10분 뒀다가 헹궈서 준비해요.

⊕ 전분을 빼야 국물이 맑아요.

3 내열 그릇에 물을 붓고 감자와 대파, 소금, 간장, 참치액을 넣어서 가볍게 섞어요.

4 다른 그릇에 달걀을 두 개를 풀고(대충 풀어도 돼요) 3에 넣어요.

5 섞지 않고 그대로 전자레인지에 6분 돌려요.

⊕ 감자가 익지 않은 것 같다면 1~2분 더 돌려요.

6 국을 꺼낸 다음 후추를 살짝 뿌리고 가볍게 저어요.

돼지고기 김치찌개

9min

맛있는 돼지고기가 듬뿍 들어간 국민 찌개.

- **사용 용기**: 내열 그릇
- **재료(1~2인분)**: 김치 100g, 김칫국 6큰술, 두부 45g(3조각 정도), 돼지고기 국거리 150g, 대파 또는 청양고추(취향껏-생략 가능), 물 2컵(360ml)
- **양념**: 간장 1큰술, 참치액젓 1큰술, 고춧가루 1/2큰술, 고추장 2/3큰술, 후추 1/2작은술

1 내열 그릇에 김치를 잘게 자른 다음 돼지고기를 넣어요.

2 1에 김칫국과 양념 재료, 물을 넣고 섞어요.

3 위에 두부를 넣고 기호에 따라 대파나 청양고추를 올린 다음 전자레인지에 9분 돌려요.

Tip

김치가 너무 실 때는 설탕 1작은술을 넣으세요.

참치김치찌개

입맛 없는 날, 칼칼하고 단백질 풍부한 참치김치찌개를 먹어 보아요.

- **사용 용기:** 내열 그릇
- **재료(2인분):** 김치 150g(잘게 자른 김치 5큰술), 참치캔 85g, 팽이버섯 20g, 홍고추 반 개, 대파 조금(생략 가능), 두부 100g, 후추 조금
- **양념:** 고춧가루 1/2큰술, 참치액 2큰술, 간장 1큰술, 다진 마늘 1/2큰술, 물 2컵(360ml)

1 내열 그릇에 양념 재료를 넣고 섞은 다음 김치를 넣어요.

2 1에 참치를 기름째 붓고, 두부와 팽이버섯도 적당한 크기로 잘라 넣어요.

3 홍고추는 어슷썰기, 대파는 잘게 썰어 넣고 전자레인지에 9분 돌려요.

4 후추를 조금 뿌려서 마무리해요.

Tip

참치캔에 있는 기름은 먹어도 되는 기름이에요. 안심하고 드세요. 그래도 싫다면 기름을 따라내고 조리해도 돼요. 다만 기름을 함께 넣으면 더 고소한 맛을 느낄 수 있어요.

해산물

굴미역국

불에 끓여 먹는 미역국보다 맛있는 전자레인지 굴미역국!

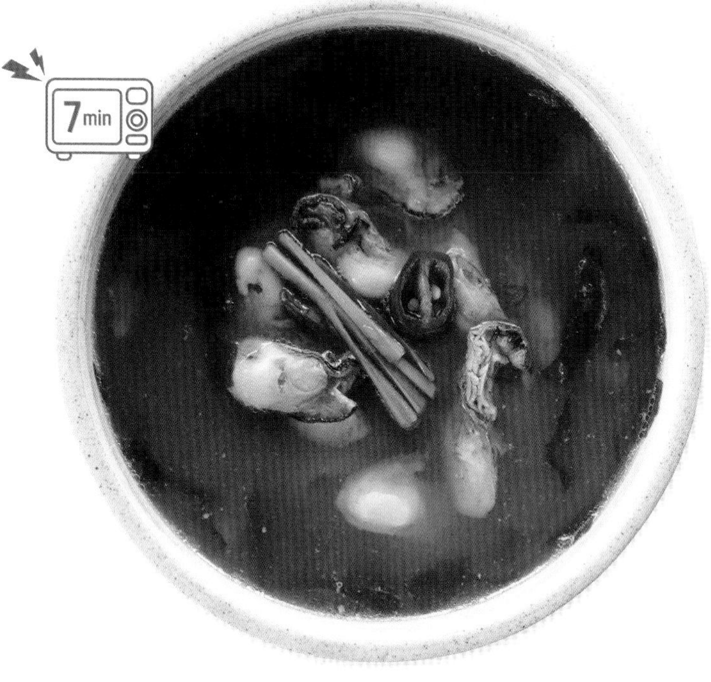

- **사용 용기:** 내열 그릇
- **재료(2인분):** 굴 200g, 미역 5g(자른 건미역은 수북하게 2큰술), 다진 마늘 1작은술, 물 2컵(360ml), 참치액 2큰술, 간장 1큰술

1 미역은 물에 10분 동안 불린 뒤 잘게 잘라 주세요.

2 굴과 미역, 물, 참치액, 간장, 다진 마늘을 넣고 가볍게 섞어요.

3 전자레인지에 7분 돌려요.

Tip

조금 더 개운하게 먹고 싶다면 부추와 홍고추를 고명으로 조금만 얹어요.

황탯국

건강식의 대명사, 황태로 시원한 국을 만들어요.

- **사용 용기:** 내열 그릇
- **재료(2인분):** 황태채 20g, 두부 150g, 쪽파 또는 대파 약간 10g(엄지손가락 길이 정도), 간장 2큰술, 참치액 1큰술, 다진 마늘 1/2작은술, 소금 1작은술, 물 3컵(540ml), 후추(취향껏)

1 황태채는 물에 10분 불리고 가위를 이용해 손가락 한 마디 정도 길이로 잘라요(굵은 가시도 빼요).

2 내열 그릇에 불린 황태와 물을 넣고 간장, 참치액, 소금, 마늘을 넣어요.

3 두부를 깍둑썰기해서 2에 넣어요.

4 전자레인지에 7분 돌려요.

5 쪽파를 가위로 잘게 잘라 넣고 후추를 뿌려서 마무리 해요.

Tip

달걀을 넣고 싶다면 작은 그릇에 달걀 한 개를 대충 풀어 5에 넣고 2분 더 돌려요.

* 곡물 *

떡국

혼자 간단하게 떡국이 먹고 싶을 때, 6분만 돌리세요.

- **사용 용기:** 내열 그릇
- **재료(1~2인분):** 떡국떡 200g, 시판용 사골육수 500ml, 달걀 1개, 대파 10g(손가락 길이 정도)

1 내열 그릇에 사골육수를 붓고 떡국떡을 넣어요(떡은 불리지 않아도 돼요).

2 다른 그릇에 달걀 한 개를 깨서 섞어요.

➕ 맑은 국물을 원하면 넣지 마세요.

3 달걀물을 1에 넣고 휘젓지 않은 상태로 전자레인지에 6분 돌려요.

4 그동안 대파는 통째썰기해요.

5 전자레인지에서 꺼내자마자 대파를 넣어서 가볍게 섞고 후추를 뿌려요.

사골감자수제비

고소한 사골 국물과 쫄깃쫄깃한 감자수제비의 만남!
반죽할 줄 몰라도 맛있게 해 먹을 수 있어요.

- **사용 용기:** 내열 그릇
- **재료(1인분):** 시판용 감자수제비 150g, 애호박 1/4개(50g), 양파 1/4개(30g), 대파 20g(손가락 두 마디 길이 정도), 당근 20g, 간장 1큰술, 시판용 사골육수 450ml, 후추 약간

Tip
감자수제비는 온라인 마켓에서 구매할 수 있어요. 쫄깃쫄깃한 식감이라 누구나 맛있게 먹을 수 있어요.

1 애호박은 세로로 반을 갈라 2mm 두께로 얇게 반달썰기하고 양파, 대파, 당근은 채 썰어 준비해요.

2 내열 그릇에 사골육수와 채소, 감자수제비, 간장을 넣고 10분 동안 두세요.

3 전자레인지에 10분 돌린 다음 후추를 뿌려서 마무리해요.

우렁강된장

따뜻한 밥에 쓱쓱 비벼 먹으면 정말 맛있어요.

- **사용 용기:** 내열 그릇
- **재료(4인분):** 두부 반 모(150g), 논우렁살 200g
- **양념:** 고춧가루 1큰술, 고추장 1큰술, 된장 1큰술, 맛술 1큰술, 참치액 1큰술, 들기름 1큰술, 통깨 약간

1 내열 그릇에 두부를 넣고 숟가락으로 으깨요.

2 으깬 두부에 양념 재료를 넣고 섞어요.

3 전자레인지에 8분 돌려요.

4 그릇을 꺼내 숟가락으로 한 번 더 섞어 주세요.

미소국

육수가 따로 필요 없어서 간편해요.

- **사용 용기:** 내열 그릇
- **재료(2인분):** 물 2컵(360ml), 두부 반 모(150g), 자른 건미역 1큰술(5g), 미소된장 2큰술

1 미역을 물에 10분 동안 불려요.

2 내열 그릇에 물을 붓고 미소된장을 푼 다음 미역을 넣고 가위로 잘게 잘라요(끓일 때보다 더 잘게 잘라 주세요).

3 두부를 깍둑썰기해서 넣어요.

4 전자레인지에 6분 돌려요.

Tip

① 기호에 따라 대파나 팽이버섯을 조금 넣고 돌려도 좋아요.

② 미소된장은 브랜드마다 맛이 달라요. 저는 청정원 가쓰오&다시마 미소를 사용했어요.

부대찌개

8min

라면 끓이기보다 쉬운 부대찌개,
이렇게 만들어 보세요.

- **사용 용기**: 내열 그릇
- **재료(1~2인분)**: 배추 25g, 대파 15g, 양파 20g, 베이크드 빈스 30g, 햄 100g, 치즈 반 장, 라면 사리 1개, 물 400ml(꽉 찬 2컵)
- **양념**: 고추장 1/2큰술, 고춧가루 1큰술, 간장 2큰술, 참치액 1큰술, 다진 마늘 1/2큰술, 후추 약간

1 내열 그릇에 물을 붓고 양념 재료를 넣은 다음 잘 섞어 찌개 육수를 만들어요.

2 배추는 2cm 정도 크기로 썰고 양파와 대파는 채 썰어요. 찌개육수에 모든 재료를 넣어요(채소를 바닥에 깔아요).

3 전자레인지에 8분 돌려요.

Tip

① 라면 사리는 육수에 최대한 잠길 수 있도록 꼭 눌러요.
② 재료가 다양하게 들어가는 편이라 구매하는 데 부담이 될 수 있어요. 남은 재료는 손질한 다음 소분해서 밀키트처럼 밀폐용기에 나눠 냉장고나 냉동고에 넣어 두세요. 필요할 때 하나씩 꺼내서 데워 먹기만 하면 돼요.

순댓국

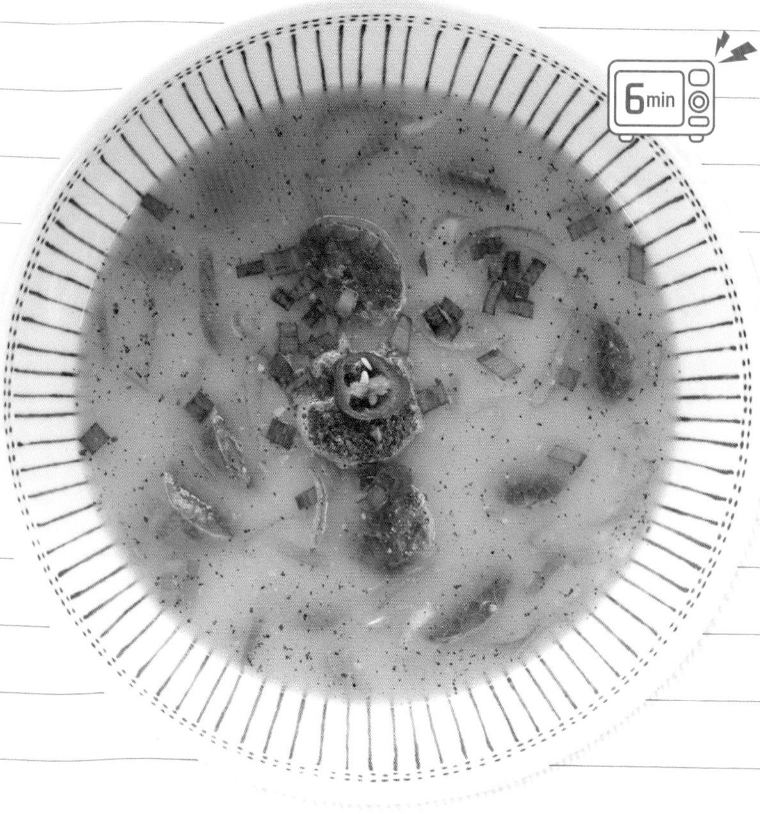

집에서 쉽게 만드는 순댓국. 순대가 불어 터질 염려가 없어요.

- **사용 용기:** 내열 그릇
- **재료(1~2인분):** 시판용 또는 끓인 사골국 500g, 순대 300g, 대파 5cm(손가락 길이 정도)
- **다대기:** 다진 마늘 1큰술, 고춧가루 1큰술, 들깻가루 1큰술, 멸치액젓 1큰술

---

1 순대는 2cm 두께로 자르고 대파는 잘게 썰어 놔요.

2 내열 그릇에 사골국을 붓고 순대를 넣어 전자레인지에 6분 돌려요.

3 대파를 잘게 썰어 넣고 기호에 따라 다대기를 넣어서 먹어요.

Tip

사골국은 오뚜기 사골곰탕을 한 봉지를 썼어요. 간이 살짝 되어 있어서 순댓국 끓일 때 딱이에요.

어묵탕

쫄깃쫄깃 어묵을 호호 불어 후루룩 먹어요.

- **사용 용기:** 내열 그릇
- **재료(2인분):** 어묵 150g, 무 25g, 쪽파 20g, 쑥갓 2g(생략 가능), 간장 2큰술, 참치액 1큰술, 소금 1작은술, 물 2.5컵(450ml)

1 내열 그릇에 물, 간장, 참치액, 소금을 넣고 섞어 국물을 만들어요.

2 어묵은 먹기 좋은 크키로 자르고, 무는 얇게 나박 썰기, 대파는 어슷썰기해서 국물에 넣어요.

3 전자레인지에 8분 돌린 다음 꺼내서 후추를 조금 뿌리고 한 번 섞어요.

Tip

매콤하게 즐기려면 청양고추 반 개를 어슷썰기해서 넣어요.

얼갈이된장국

얼갈이배추는 된장국으로 끓이면 참 맛있어요.

Tip
청양고추나 홍고추 반 개를 잘게 잘라서 넣고 전자레인지에 돌리면 얼큰해져요.

- **사용 용기:** 내열 그릇
- **재료(2인분):** 얼갈이배추 50g, 두부 50g(1/6모), 된장 1큰술, 참치액 1큰술, 물 500ml

1 내열 그릇에 얼갈이배추를 3cm(손가락 길이 정도)로 잘라 넣고 물을 부어요.

2 된장과 참치액을 넣고 섞어요.

3 두부를 작게 깍둑썰기해서 넣어요.

4 전자레인지에 10분 돌려요.

PART 3.

6분 컷!
집밥 필수 밑반찬

가지무침

눈 건강, 혈관 건강, 변비 개선 등 효능도 가지가지.

- **사용 용기**: 내열 그릇
- **재료(4인분)**: 가지 2개
- **양념**: 간장 1큰술, 참치액젓 1큰술, 참기름 1큰술, 고춧가루 1/2큰술, 깨 약간

1 가지 두 개를 반으로 가르고 1cm 두께로 반달썰기해요.

2 전자레인지에 3분 돌려요.

3 가지를 한 김 식혀서 손으로 가볍게 짠 다음 물은 버려요.

4 양념을 넣고 섞어 주세요.

Tip

가지의 모든 영양을 섭취하고 싶으면 가지에서 나온 물도 같이 무쳐서 먹어요. 하지만 냉장고에 두고 먹을 땐 물이 많아져서 식감이 떨어질 수 있어요.

3min

감자볶음

볶지 않아도 맛있어요. 다른 반찬 없이 밥 한 그릇 뚝딱,
짭조름하고 고소한 감자볶음.

- **사용 용기**: 내열 그릇
- **재료(2인분)**: 감자 2개, 샌드위치 햄 210g, 식용유 1큰술, 소금 1작은술, 통깨(취향껏), 후추 약간

1 감자 두 개를 3~4cm 길이로 채 썰고 샌드위치 햄도 길게 채 썰어요.

2 감자는 물에 15분 정도 담가 전분기를 빼 주세요.

3 물은 버리고 내열 그릇에 감자와 햄을 넣어요.

4 식용유와 소금을 넣고 섞어요.

5 전자레인지에 6분 돌려요.

6 통깨와 후추를 뿌려서 마무리해요.

Tip

감자를 물에 15분 정도 담갔다가 조리해야 서로 덜 달라붙어요.

매콤 감자조림

따뜻한 밥에 쓱쓱 비벼 먹으면 든든해요.

- **사용 용기:** 내열 그릇
- **재료(3~4인분):** 감자 3개
- **양념:** 맛술 3큰술, 물 3큰술, 간장 2큰술, 고추장 1/2큰술, 참치액 1/2큰술(굴소스나 액체 조미료 대체 가능), 고춧가루 1큰술, 참기름 1큰술, 식용유 1큰술, 깨(취향껏)

1 감자를 깍둑썰기해요.

2 내열 그릇에 양념과 감자를 넣고 섞어요.

3 전자레인지에 10분 돌려요.

4 참기름과 깨를 뿌려서 마무리해요.

햄감자조림

맵지 않은 버전도 있어요.

- **사용 용기:** 내열 그릇
- **재료(2인분):** 감자 2개(250g), 햄 100g(200g짜리 스팸 반 개), 간장 2큰술, 올리고당 1큰술, 후추 조금, 깨(취향껏)

1 감자는 1cm 두께로 깍둑썰기해요. 스팸도 비슷한 크기로 썰어요.

2 내열 그릇에 감자를 넣은 다음 간장, 올리고당을 넣고 섞어요.

3 양념한 감자 위에 햄을 올려요.

4 전자레인지에 6분 돌려요.

5 전자레인지에서 꺼내 깨와 후추를 조금 뿌려 가볍게 섞어 주세요.

Tip
스팸이 다른 햄보다 육즙이 잘 나와서 감자조림 만들기에 좋아요.

채소

대파무침

고명으로만 쓰던 대파, 이제 무치세요.

Tip

전자레인지에 돌린 파는 뜨거워요. 숟가락 두 개로 섞으면 편해요.

5min

- **사용 용기:** 내열 그릇
- **재료(4회분):** 대파 200g
- **양념:** 소금 1작은술, 참치액 1큰술, 고춧가루 1/2큰술, 깨와 참기름(취향껏)

1 대파는 3cm(손가락 길이 정도)로 잘라 내열 그릇에 넣어요(흰 밑동과 섞어도 돼요).

2 전자레인지에 5분 돌려요.

3 전자레인지에서 빼자마자 양념을 넣고 섞어요.

고추지짐

밥에 비벼 먹으면 입맛이 확 도는 매콤한 고추지짐!
맛있으니까 너무 많이 먹지 않도록 조심하세요.

- **사용 용기**: 내열 그릇
- **재료(5회분)**: 청양고추 100g(12개 정도), 홍고추(6개 정도), 잔멸치 2큰술, 통깨(취향껏)
- **양념**: 간장 2큰술, 멸치액젓 1큰술, 올리고당 1큰술, 매실액 1큰술, 들기름 1큰술

1 청양고추와 홍고추를 다지기에 넣고 잘게 다져요.

2 내열 그릇에 고추를 넣고 양념을 섞어요.

3 전자레인지에 6분 돌려요.

4 통깨를 뿌려서 마무리해요.

Tip

① 고추는 볶음밥에 넣는 채소만큼 잘게 다져 주세요. 저렴한 수동 다지기가 있으면 여러모로 쓸모가 많아요.
② 밥에 비벼서 김밥을 싸도 맛있어요.

* 채소 *

꽈리고추찜

혈압을 낮추고 신진대사를 활발하게 해 주는
꽈리고추를 가장 맛있게 먹는 방법!

- **사용 용기**: 내열 그릇
- **재료(4회분)**: 꽈리고추 150g, 밀가루(부침가루 대체 가능) 1큰술, 물 2큰술
- **양념**: 참치액 1큰술, 참기름 1큰술, 고춧가루 1/2큰술, 깨 약간

---

1 꽈리고추는 꼭지를 떼서 깨끗이 씻은 다음 포크나 이쑤시개로 콕콕 찔러 주세요.

⊕ 양념이 더 잘 배이도록 하는 작업이에요.

2 봉지에 밀가루와 물, 꽈리고추를 넣고 흔들어요.

3 살짝 반죽된 꽈리고추만 내열 그릇에 옮겨 담아 전자레인지에 4분 돌려요.

4 꽈리고추에 양념을 넣고 가볍게 섞어요.

* 곡물 *

두부조림

프라이팬에 구울 필요 없어요.
두부조림, 이보다 쉽게 만들 수 없을걸요?

◦ **사용 용기:** 내열 그릇

◦ **재료(2인분):** 두부 300g, 참치캔 85g, 홍고추 반 개, 대파 3g(엄지손가락 길이 정도), 물 1컵, 간장 1/3컵, 설탕 1/3컵, 다진 마늘 1/2큰술, 깨 약간

---

1 내열 그릇에 물, 간장, 설탕, 다진 마늘을 넣고 잘 섞어서 조림용 간장을 만들어요.

2 두부를 2cm 정도 두께로 썰어 조림 간장에 넣어요.

3 전자레인지에 6분 돌려요.

4 전자레인지에서 조리되는 동안 홍고추와 대파를 잘게 썰어요.

5 전자레인지에서 꺼낸 두부조림에 홍고추와 대파, 깨를 뿌려 마무리해요.

Tip

맵게 먹는 것을 좋아하면 조림용 간장을 만들 때 고춧가루 반 숟갈을 더 넣어요.

마늘무침

세계 10대 건강식품으로 선정된 마늘, 고기 먹을 때 잘 어울려요.

- **사용 용기**: 내열 그릇
- **재료**: 통마늘 200g
- **양념**: 고추장 1큰술, 식초 1큰술, 올리고당 1큰술, 참기름 1큰술, 깨(취향껏)

1 깨끗이 씻어 손질한 마늘을 내열 그릇에 넣고 전자레인지에 4분 돌려요.

2 마늘을 꺼낸 다음 양념을 넣고 섞어요.

Tip

① 통마늘은 먹을 만큼 껍질을 까서 사용하고, 보관용은 통풍이 잘되는 망에 넣어 서늘한 곳에 걸어 놔요.

② 깐 마늘은 잘 씻은 다음 밑동의 갈색 부분을 잘라 내요.

마늘종무침

항염증 효과가 뛰어난 마늘종. 맛있게 무침으로 해서 드세요.

- **사용 용기:** 내열 그릇
- **재료(5회분):** 마늘종 250g
- **양념:** 고춧가루 1/2큰술, 고추장 1/2큰술, 간장 1/2큰술, 식초 1/2큰술, 올리고당 1큰술, 참기름 1큰술, 깨(취향껏)

1 마늘종을 손가락 길이 정도로 잘라요.

2 전자레인지에 3분 돌려요.

3 마늘종을 꺼낸 다음 양념을 넣고 섞어요.

Tip

올리고당 대신 설탕, 참기름 대신 들기름을 넣어도 맛있어요.

꽈리고추 메추리알조림

냉장고에 메추리알조림만 있어도 반찬 걱정이 줄어요.

- **사용 용기**: 내열 그릇
- **재료(4회분)**: 메추리알 270g, 꽈리고추 60g(한 줌)
- **간장물**: 물 1컵, 간장 1/2컵, 맛술 1/3컵, 설탕 1큰술

1 잘 씻어 꼭지를 뗀 꽈리고추를 포크나 이쑤시개로 콕콕 찔러 줘요.

2 내열 그릇에 간장물을 붓고 메추리알과 꽈리고추를 넣어요.

3 전자레인지에 8분 돌려요.

Tip

바쁘면 꽈리고추를 콕콕 찌르지 않아도 돼요. 처음에는 간이 싱거울 수 있지만 냉장고에 두고 먹다 보면 간이 배기 때문에 냉장고에 둘 수록 맛있어요. 일주일 동안 먹을 수 있어요.

명란달걀찜

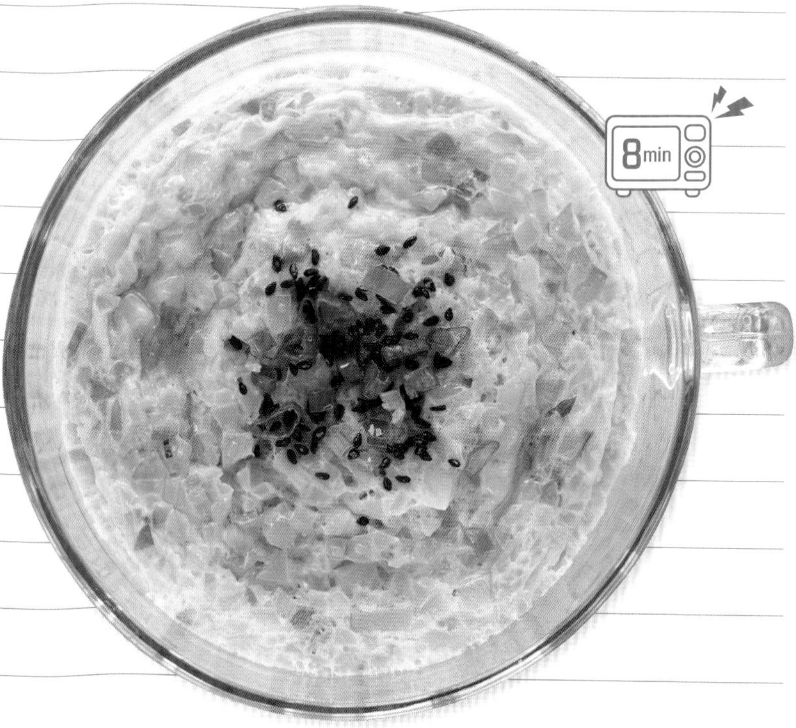

은근 까다로운 달걀찜. 냄비 바닥 태울 걱정 없어요.

- **사용 용기:** 내열 그릇
- **재료(1~2인분):** 명란젓 한 덩이(약 45g), 달걀 5개, 물(달걀 개수와 동량), 당근·양파·애호박 10g씩, 참치액 1큰술

⊕ 채소가 없을 땐 대파만 다져서 넣어도 좋아요.

---

1 내열 그릇에 물을 붓고 달걀 5개를 넣어 잘 섞어요.

2 명란젓의 얇은 막을 찢어서 속의 알을 1에 넣어요(막이 들어가도 상관없어요).

3 채소를 잘게 다져서 달걀물에 넣고 참치액을 넣은 다음 잘 섞어요.

4 전자레인지에 8분 돌려요.

Tip

물과 달걀의 비율은 1:1이 좋아요. 명란젓을 빼도 비율은 1:1이에요.

매콤 멸치볶음

없으면 서운한 냉장고 속 필수 반찬.

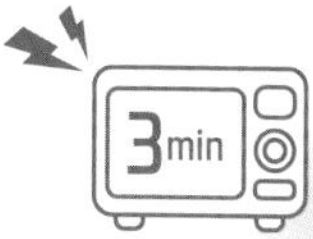

- **사용 용기:** 내열 그릇
- **재료(5회분):** 작은 멸치 50g, 홍고추 반 개, 참기름 1작은술
- **양념:** 올리고당 1큰술, 설탕 1큰술, 간장 1큰술, 마요네즈 1/2큰술, 맛술 2큰술, 고추장 1작은술, 고춧가루 1작은술, 깨(취향껏)

1 내열 그릇에 양념 재료를 넣고 잘 섞어요.

2 양념에 준비한 멸치를 넣고 같이 섞어요.

3 전자레인지에 3분 돌려요.

4 참기름을 넣고 섞어서 마무리해요.

Tip

① 바삭바삭한 멸치를 좋아하면 멸치 먼저 전자레인지에 1분 돌리고 양념과 섞은 다음 2분 돌려요.
② 깨는 양념에 넣어도 되고 마지막에 뿌려도 돼요.

아몬드멸치볶음

남녀노소 모두 좋아하는 밑반찬! 뼈도 튼튼 뇌도 좋아져요.

- **사용 용기:** 내열 그릇
- **재료(5회분):** 작은 멸치 50g, 아몬드 5g(생략 가능)
- **양념:** 올리고당 1큰술, 맛술 2큰술, 간장 1큰술, 마요네즈 1큰술, 마늘 1작은술, 깨(취향껏)

1 내열 그릇에 양념 재료를 넣고 잘 섞어요.

2 멸치와 편 썬 아몬드를 양념에 넣고 잘 섞어요.

3 전자레인지에 3분 돌려요.

➕ 3분을 넘기면 멸치와 양념이 탈 수 있으니 주의해요.

어묵볶음

어묵 탈 일이 없어요. 식탁 위 기본 반찬 뚝딱 해 보세요.

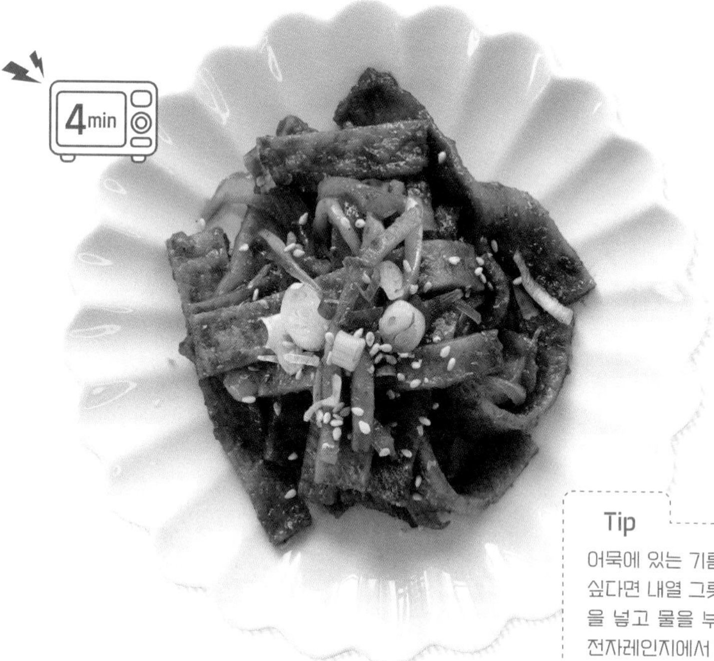

Tip

어묵에 있는 기름을 빼고 싶다면 내열 그릇에 어묵을 넣고 물을 부은 다음 전자레인지에서 1분 돌려 사용해요(물은 버리기).

- **사용 용기:** 내열 그릇
- **재료(5회분):** 어묵 200g, 양파 반 개, 당근 20g, 참기름 1큰술, 깨(취향껏)
- **양념:** 고추장 1큰술, 맛술 3큰술, 간장 1큰술, 고춧가루 1큰술, 올리고당 1큰술, 식용유 1작은술, 물 1큰술

1 내열 그릇에 양념을 잘 섞어 놔요.

2 어묵을 골패썰기(직사각형으로 써는 방법)해서 양념과 섞어요.

3 양파와 당근도 채 썰어서 같이 섞어요.

4 전자레인지에 4분 돌려요.

5 그릇을 꺼낸 다음 참기름과 깨를 뿌리고 한 번 섞어요.

채소

무나물무침

천연 소화제 무나물! 냉장고에 뒀다가 고추장,
참기름을 넣고 비빔밥을 해 먹어도 맛있어요.

- **사용 용기:** 내열 그릇
- **재료(4회분):** 무 400g(큰 무 1/4 정도)
- **양념:** 들깨 1/2큰술, 소금 1큰술, 들기름 1큰술, 참치액 1/2큰술

1 채칼을 이용해 무를 채 썰어요.
2 소금을 넣고 15분 동안 절여요.
3 무에서 나온 물을 버리고 절인 무를 꽉 짜서 남은 물도 버려요.
4 전자레인지에 5분 돌려요.
5 무를 꺼낸 다음 양념을 넣고 무쳐요.

Tip

무를 가늘게 썰어야 더 맛있어서 채칼로 썰었지만, 칼로 가늘게 썰어도 상관없어요.

미역줄기무침

오돌오돌 아작아작 재밌는 식감에 비타민 A, B, C, E와 칼슘, 마그네슘까지!

- **사용 용기:** 내열 그릇
- **재료(5회분):** 염장 미역줄기 300g, 다진 마늘 1작은술, 양파 1/2개, 당근 1/4개, 간장 2큰술, 멸치액젓 2큰술, 식용유 1큰술, 참기름 1큰술, 깨 약간

1. 미역줄기를 물로 깨끗하게 5~6번 씻어서 소금기를 빼 줘요. 5분 동안 물에 담갔다가 물은 버리고, 미역줄기를 꼭 짜서 물기를 빼요.
2. 미역줄기를 5cm 길이로 잘라요.
3. 간장, 멸치액젓, 식용유를 미역 줄기 위에 뿌리고 양파와 당근은 채 썰어 가볍게 섞어요.
4. 전자레인지에 5분 돌려요.
5. 참기름과 깨를 뿌리고 섞어요.

Tip

미역줄기는 깨끗이 씻어서 물에 5분 정도 담가 두세요. 그 이상으로 두면 너무 싱거워요.

채소

브로콜리무침

비타민 C가 레몬의 2배!

4min

- **사용 용기:** 내열 그릇
- **재료(4회분):**
  브로콜리 200g
- **양념:** 마요네즈 1큰술, 들깻가루 1/2큰술, 참치액 2큰술

1 브로콜리를 잘 씻어서 한입 크기로 잘라요.

2 내열 그릇에 담은 뒤 전자레인지에 4분 돌려요.

3 브로콜리를 꺼낸 다음 양념을 넣고 가볍게 섞어요.

Tip

브로콜리를 씻을 때는 물에 식초를 한 큰술 넣고 5분 정도 담갔다가 흐르는 물에 씻어 주세요.

숙주나물무침

콩나물보다 부드러워 남녀노소 모두 잘 먹는 숙주나물!

3min

- **사용 용기:** 내열 그릇
- **재료(4회분):** 숙주 250g, 소금 1작은술, 참치액 1작은술

1 숙주를 내열 그릇에 넣고 전자레인지에 3분 돌려요.

2 숙주를 꺼낸 다음 소금과 참치액을 넣고 가볍게 섞어요.

Tip

전자레인지에서 숙주를 뺐을 때 뚜껑을 열면 덜 익은 것처럼 보일 수 있어요. 이때 김이 남아 있는 상태에서 젓가락으로 한 번 뒤적뒤적해 주세요. 그러면 잔 김에 숙주가 아삭하고 맛있게 잘 익어요.

시금치무침

시금치는 3대 영양소뿐 아니라 비타민, 무기질 등이
많이 들어 있는 완전 영양 식품이에요.

- **사용 용기:** 내열 그릇
- **재료(3인분):** 시금치 200g, 간장 1큰술, 참기름 1큰술, 깨 약간

1 깨끗하게 씻은 시금치는 내열 그릇에 넣고 전자레인지에 3분 돌려요.

2 찬물에 한 번 헹궈서 가볍게 짜요.

3 간장, 참기름, 깨를 넣고 가볍게 섞어요.

Tip

① 시금치를 한 번 헹구는 까닭은 쓴맛을 내는 원인인 수산(옥살산)을 제거하기 위해서예요.
② 시금치 뿌리는 취향에 따라서 제거하거나 그대로 먹어도 좋아요. 저는 뿌리 맛을 안 좋아해서 제거하고 먹는 편이에요.

채소

얼갈이된장무침

얼갈이배추는 일반 배추보다 베타카로틴, 비타민A, C의 함량이 높고,
설포라판 성분이 들어 있어 암 예방에 효과가 있어요.

- **사용 용기**: 내열 그릇
- **재료(2인분)**: 얼갈이배추 300g
- **양념**: 들기름 1작은술(참기름 대체 가능), 참치액 1작은술, 된장 1작은술

---

1 내열 그릇에 잘 씻은 얼갈이배추를 먹기 좋은 크기(3cm 정도)로 잘라 넣어요.

2 전자레인지에 4분 30초 돌려요.

3 찬물에 헹군 다음 물기를 꼭 짜요.

4 들기름, 참치액, 된장을 넣고 무쳐요.

Tip

① 찬물에 헹궈서 물을 한 번 짜면 냉장고에 넣어도 물기가 잘 생기지 않아서 조금 더 오래 먹을 수 있어요.

② 얼갈이배추 영양분을 모두 섭취하고 싶다면 물기를 짜지 말고 그대로 무쳐요.

* 채소 *

오이무침

여름에 먹으면 더 맛있는 아작아작 오이 반찬.

- **사용 용기**: 내열 그릇
- **재료(4회분)**: 오이 2개, 소금 1큰술
- **양념**: 들기름 2큰술, 참치액 1/2큰술, 통깨(취향껏)

1 오이 두 개를 2mm 두께로 통째썰기해요.
 ⊕ 얇게 썰어야 식감이 좋아요.

2 내열 그릇에 오이를 넣은 다음 소금을 넣어 15분 재워요.

3 오이에서 나온 물은 버리고 오이의 물기를 꽉 짜요.

4 전자레인지에 4분 돌려요.

5 양념을 넣고 섞어요.

Tip

고추장과 달걀프라이, 오이무침을 넣고 비벼서 비빔밥으로 먹어도 맛있어요.

애호박무침

애호박 볶을 때 자꾸 부서졌다고요? 전자레인지에 돌리면
기름을 쓰지 않아 더 깔끔하고 모양도 예뻐요.

- **사용 용기:** 내열 그릇
- **재료(4회분):** 애호박 2개, 홍고추 반 개
- **양념:** 소금 1작은술, 참치액 2큰술, 통깨(취향껏)

1 애호박 두 개를 0.5cm 두께로 반달썰기해요.

2 내열 그릇에 넣고 5분 돌려요.

3 애호박을 꺼내 양념을 넣고 가볍게 섞은 다음 잘게 썬 홍고추를 올려요.

Tip

홍고추는 잘게 썰어 양념 섞을 때 넣어도 맛있어요.

참나물무침

안구건조증과 변비에 좋아요. 재료도 많이 필요 없는 착한 반찬이에요.

- **사용 용기:** 내열 그릇
- **재료(3회분):** 참나물 200g, 멸치액젓 1/2큰술

1 참나물을 4~5cm 길이(손가락 중지 길이 정도)로 잘라요.
  ➕ 참나물 끝부분은 질기니까 잘라서 버리세요.

2 내열 그릇에 참나물을 넣고 3분 돌려요.

3 찬물에 한 번 헹궈 꼭 짠 다음 멸치액젓을 넣고 살살 무쳐요.

Tip
물기를 짜지 않고 무칠 땐 소금 한 꼬집 정도 추가해서 간을 맞춰요.

콩나물무침

비타민 C가 풍부해서 면역력 향상에 좋은 콩나물, 자주 해서 드세요.

- **사용 용기:** 내열 그릇
- **재료(3회분):** 콩나물 200g, 물 1컵(180ml)
- **양념:** 소금 1작은술, 참치액 1/2큰술, 고춧가루 1/2큰술

1 내열 그릇에 콩나물을 넣은 다음 물을 부어요.

2 전자레인지에 5분 돌려요.

3 콩나물을 꺼낸 다음 물은 버리고 양념을 넣어 잘 무쳐요.

Tip

콩나물 대가리가 잘 익어야 비린내가 나지 않아요. 혹시나 비린내가 난다면 1분 더 돌려요.

참치김치볶음

불 앞에 서서 손목 아프게 볶을 필요 없어요.
냉장고에 두고 먹으면 더 맛있는 밑반찬이에요.

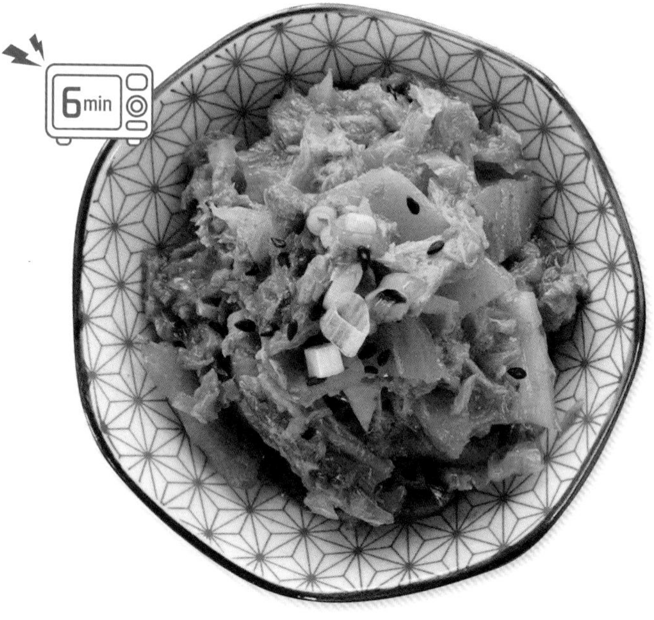

◦ **사용 용기:** 내열 그릇
◦ **재료(2~3회분):** 배추김치 300g, 참치캔 75g(참치캔 반 정도), 설탕 1/2큰술

1 내열 그릇에 배추김치를 넣고 가위로 먹기 좋게 잘라요.
  ⊕ 잘게 잘라야 더 맛있어요.
2 김치에 참치와 참치 캔에 있는 기름을 함께 부어요.
3 설탕을 넣고 섞어요.
4 전자레인지에 6분 돌려요.

Tip
잘게 썬 대파와 검정깨를 고명으로 올리면 예뻐요.

진미채

단백질 풍부한 식탁 위 진미! 이제 쉽게 만들어 드세요.

- **사용 용기:** 내열 그릇
- **재료(4인분):** 진미채(진미 오징어채) 200g, 마요네즈 1큰술, 깨(취향껏)
- **양념:** 고추장 2큰술, 고춧가루 1큰술, 맛술 1큰술, 올리고당 3큰술, 다진 마늘 1/2큰술

1 작은 그릇에 양념 재료를 넣고 섞은 다음 전자레인지에 2분 돌려요.

⊕ 뚜껑이 있는 전자레인지 용기를 쓰거나 그릇에 비닐랩을 씌운 다음 젓가락으로 증기 구멍 한 개를 만든 뒤 돌려야 양념이 튀거나 타지 않아요.

2 그동안 진미채를 물에 한 번 씻은 다음 물기를 털어 내 볼에 담아요.

3 가위로 진미채를 먹기 좋은 길이(손가락 두 마디 정도)로 잘라요.

4 진미채에 양념과 마요네즈를 넣어요.

5 잘 섞은 다음 깨를 뿌려 마무리 해요.

2min

Tip

양념만 전자레인지에 돌려서 따로 무치는 이유는 부드러운 식감을 위해서예요. 꼬독꼬독한 식감을 원한다면 양념에 진미채와 마요네즈를 섞은 뒤 전자레인지에 4분 돌려요.

팽이버섯조림

재료는 싸지만 맛은 비싼 2분 30초 요리!

- **사용 용기:** 내열 그릇
- **재료(2인분)**: 팽이버섯 150g, 쪽파 3cm 정도(생략 가능), 참기름과 깨(취향껏)
- **양념**: 고춧가루 1큰술, 굴소스 1큰술, 맛술 1큰술, 간장 1큰술, 올리고당 1큰술

1 내열 그릇에 양념을 넣고 섞어요.

2 밑동 자른 팽이버섯을 찢어서 양념과 섞어요.

3 전자레인지에 2분 30초 돌려요.

4 참기름과 잘게 자른 쪽파, 깨를 뿌려서 마무리해요.

Tip

단맛 적은 것을 좋아하면 올리고당을 빼고 만들어요.

표고버섯볶음

버섯계의 소고기라 불리는 표고버섯을 반찬으로 즐겨요.

- **사용 용기:** 내열 그릇
- **재료(2인분):** 표고버섯 300g
- **양념:** 들깻가루 1큰술, 간장 1/2큰술, 다진 마늘 1작은술, 소금 한 꼬집(1/2 작은술), 참기름 1작은술

1 표고버섯을 3mm 정도로 얇게 썰어서 내열 그릇에 넣어요.

2 전자레인지에 4분 돌려요.

3 양념 재료를 넣고 섞어요.

Tip

전자레인지에서 꺼내자마자 양념을 넣고 섞어야 버섯과 양념이 맛있게 섞여요.

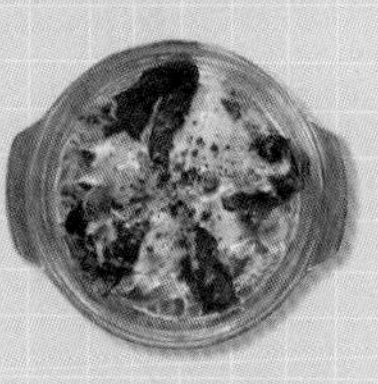

PART 4.

6분 컷!
탄수화물 제로
다이어트 레시피

치즈스팀드샐러드

생채소가 부담스러운 분에게 추천해요!
속 편하게 먹을 수 있는 스팀드 샐러드, 빠르게 만들어 드세요.

- **사용 용기**: 내열 그릇
- **재료(1~2인분)**: 파프리카 100g(노란색 반 개, 빨간색 반 개를 쓰면 색깔이 더 예뻐요), 양파 반 개(50g), 브로콜리 50g, 치즈와 통후추(취향껏-생략 가능)
- **소스**: 발사믹 1큰술, 올리고당(스테비아 액상 등으로 대체 가능) 1큰술, 엑스트라버진 올리브오일 3큰술

1 파프리카는 반을 갈라 씨를 뺀 뒤 1cm 두께로 썰고, 양파도 비슷한 두께로 썰어요. 브로콜리는 먹기 좋은 크기로 잘라요.

2 내열 그릇에 채소를 넣고 전자레인지에 4분 돌려요.

3 채소 위에 소스를 뿌린 다음 치즈를 올리고 통후추를 뿌려요.

Tip

샐러드에는 페타, 브라타, 보코치니, 리코타, 그라나파다노치즈 등이 어울려요. 저는 짜지 않은 진한 우유 맛을 좋아해서 브라타치즈를 반 개 곁들였어요.

채소

배추찜

열량이 낮고 식이섬유가 많아 변비와 대장암 예방에도 좋은 배추!

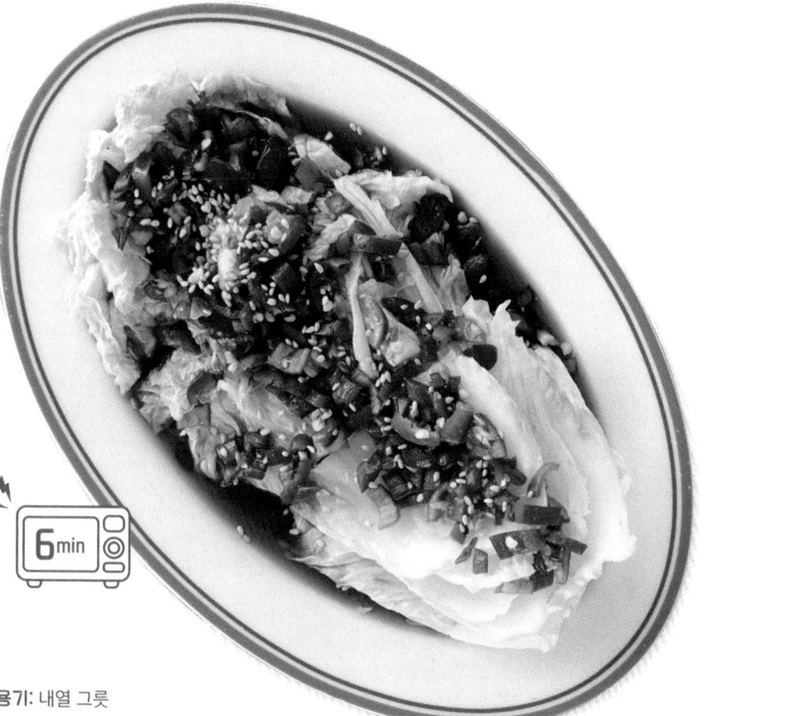

6min

- **사용 용기:** 내열 그릇
- **재료(2인분):** 알배기 배추 반 통, 청양고추 1개, 홍고추 1개(생략 가능)
- **소스:** 다진 마늘 2큰술, 대파 1/4대, 물 4큰술, 굴소스 1큰술, 설탕 1큰술, 식초 3큰술, 간장 2큰술, 소금 1/4큰술, 깨와 후추 조금

1 알배기 배추를 반으로 갈라서 내열 그릇에 넣고 전자레인지에 6분 돌려요.

2 그동안 소스를 만들어요. 청양고추, 홍고추를 잘게 썰어서 소스에 섞어요.

3 전자레인지에서 꺼낸 배추를 긴 그릇에 옮겨 담은 뒤 먹기 좋게 3등분으로 자른 다음 소스를 골고루 부어요.

청경채찜

노화 방지, 눈 건강, 고혈압 예방, 피부 미용, 다이어트….
못하는 게 없는 청경채, 당장 드세요!

- **사용 용기:** 내열 그릇
- **재료(2인분):** 청경채 200g(4줄기 정도), 홍고추 반 개, 고추 또는 대파 손가락 길이 정도, 양파 1/6개
- **소스:** 물 4큰술, 식초 3큰술, 간장 2큰술, 굴소스 1큰술, 설탕 1큰술

1 청경채를 반으로 자른 다음 전자레인지에 3분 돌려요.

2 그동안 홍고추와 고추, 대파, 양파를 잘게 다져요.

3 청경채를 그릇에 예쁘게 담아요.

⊕ 뿌리 부분을 그릇 바깥쪽에 두면 예뻐요.

4 소스를 만들어 다진 채소와 섞은 다음 청경채 위에 부어요.

채소

밀푀유나베

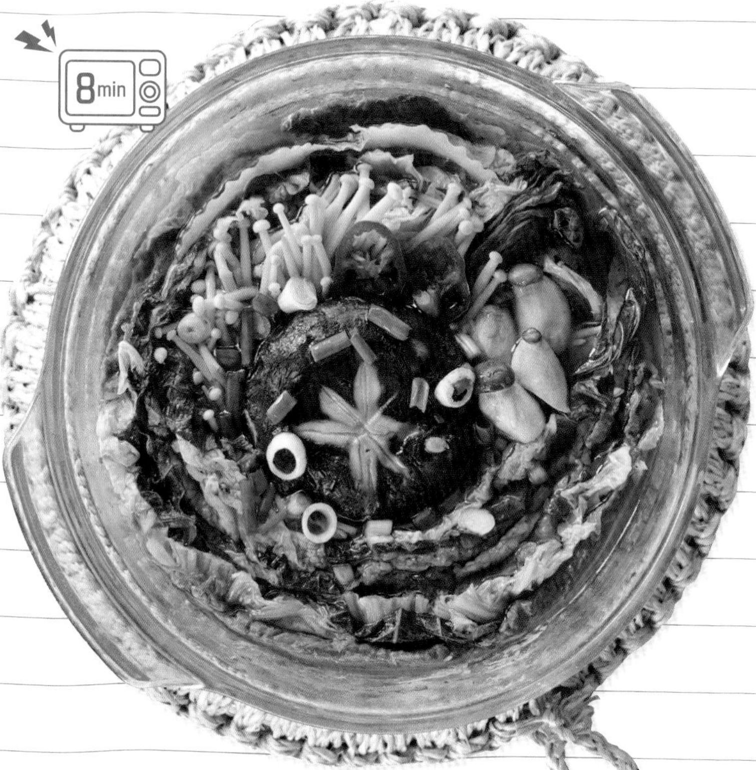

다이어트뿐 아니라 홈파티 요리로도 훌륭해요.

- **사용 용기:** 내열 그릇
- **재료(2인분):** 깻잎 13g, 배추 200g, 청경채 30g, 미니새송이 30g(4개 정도), 표고버섯 37g(한 송이), 팽이버섯 150g, 샤브샤브용 소고기 160g
- **양념:** 물 1/2컵(90ml), 참치액 1큰술, 굴소스 1큰술, 간장 5큰술
- **소스:** 간장 4큰술, 맛술 1큰술, 연겨자 1작은술, 설탕 1큰술, 식초 1큰술, 후추 약간

---

1 깻잎은 반으로 자르고 배추는 5cm(손가락 두 마디 정도 길이) 크기로 잘라서 준비해요.

2 배추⋯›깻잎⋯›소고기 순으로 겹친 뒤 내열 그릇에 세워 놔요. 가운데는 조금 비워 두세요.

3 조금 비워 둔 가운데에 준비한 청경채를 넣고 버섯을 올려요.

4 양념을 섞은 뒤 재료 위에 골고루 뿌려요.

5 전자레인지에 8분 돌려요.

Tip

시판용 머스터드소스에 찍어 먹어도 맛있어요.

* 생선 *

연어파피요트

오븐 필요없어요! 전자레인지로도 파피요트 만들 수 있어요.

Tip

남은 레몬을 얇게 잘라 냉동실에 얼려 보세요. 요리할 때 하나씩 꺼내 쓸 수 있어요.

- **사용 용기:** 내열 그릇
- **재료(2인분):** 연어 300g, 감자 1개, 레몬 슬라이스 1/3개, 허브솔트 1큰술, 올리브오일 2큰술

1 감자 한 개를 5mm 두께로 얇게 썰어요.

2 썬 감자와 통 연어를 볼에 넣고 허브솔트, 올리브오일을 넣어 가볍게 섞어요.

3 종이호일을 내열 그릇보다 조금 더 크게 잘라서 내열 그릇에 깔아요.

4 종이호일 위에 감자⋯➝연어⋯➝레몬 순으로 올려요.

5 종이호일의 양쪽 끝을 돌려서 커다란 사탕 봉지처럼 만들어요.

6 전자레인지에 8분 돌려요.

사케동

사케동은 사 먹지 말고 이제 만들어 먹는 것으로.

- **사용 용기**: 내열 그릇
- **재료(1~2인분)**: 생연어 250g, 생고추냉이 1작은술, 달걀노른자
- **간장물**: 간장 1컵(180ml), 물 1.5컵, 설탕 1/3컵, 맛술 1/3컵

1 내열 그릇에 간장물 재료를 넣고 섞은 다음 전자레인지에 4분 돌려요.

2 그동안 연어를 1cm 두께로 썰어요(너무 얇지도 두껍지도 않은 두께).

3 간장물을 식힌 다음 레몬 반 조각을 썰어서 넣고 연어도 넣어요.

4 뜨겁지 않은 밥에 간장물을 2큰술 넣어 가볍게 섞고 적신 연어를 밥 위에 올려요.

5 가운데 생고추냉이와 달걀노른자를 올려요.

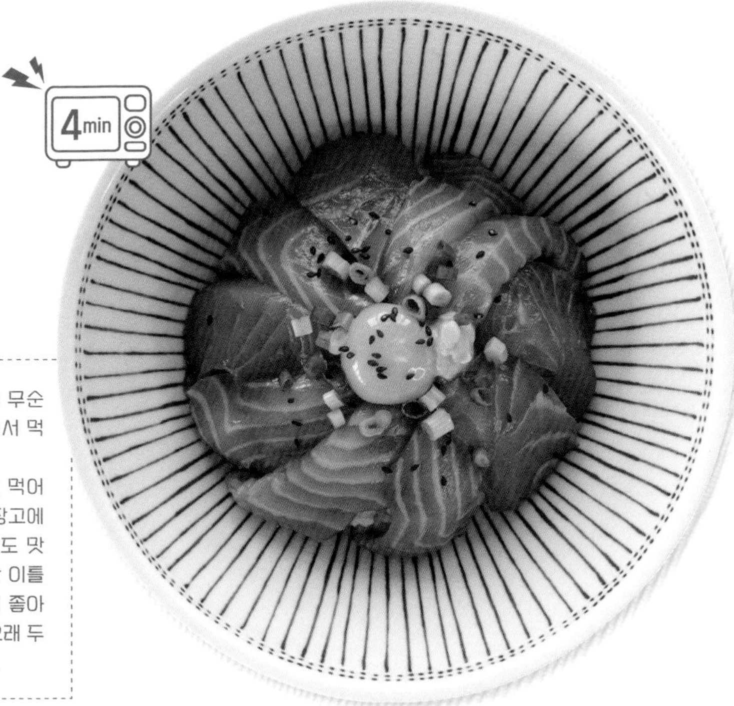

Tip

① 기호에 따라서 무순과 쪽파를 올려서 먹어도 맛있어요.

② 연어장은 바로 먹어도 맛있고, 냉장고에 넣었다가 먹어도 맛있어요. 하지만 이틀 안에 먹는 것이 좋아요. 냉장고에 오래 두면 살이 물러요.

고기

훈제 오리 양배추찜

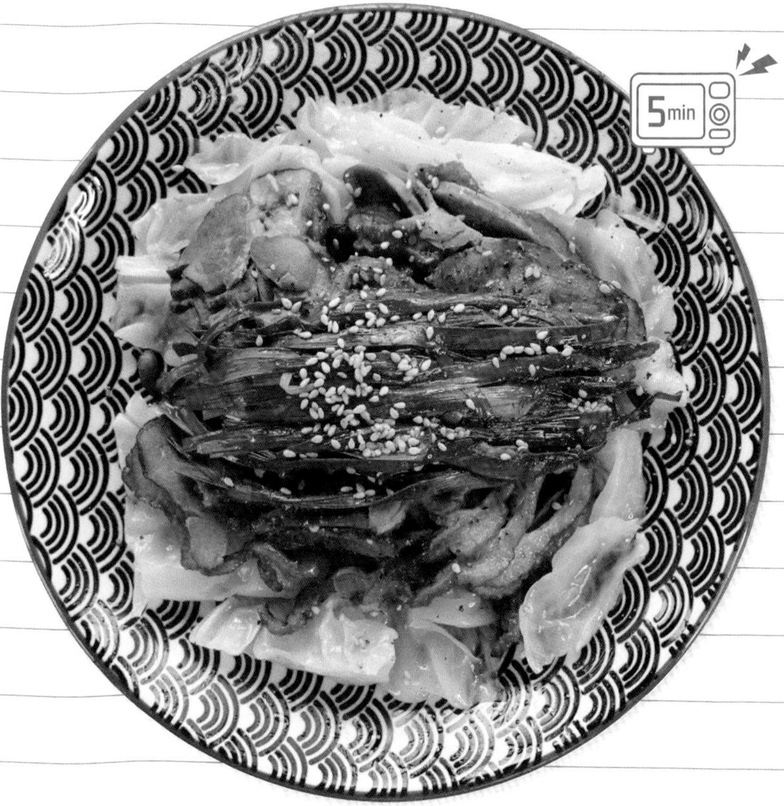

활력에 좋은 오리고기! 맛있는 다이어트 음식으로도 손색없어요.

- **사용 용기:** 내열 그릇
- **재료(2인분):** 훈제 오리 200g, 양배추 100g, 부추 16g
- **소스:** 간장 1큰술, 맛술 1큰술, 물 1큰술, 올리고당 1큰술, 식초 1큰술, 참기름 1작은술, 통깨 조금

---

1 양배추를 한입 크기로 찢은 다음 내열 그릇에 깔아요.

2 양배추 위에 훈제 오리, 그 위에 부추를 올려요.

3 전자레인지에 5분 돌려요.

4 소스를 만들어 함께 먹어요.

에그인헬

그냥 먹으면 다이어트 요리, 빵에 찍어 먹으면 이탈리안 레스토랑 요리.

- **사용 용기:** 내열 그릇
- **재료(2회분):** 토마토파스타소스 300g(반 병 정도), 달걀 4개, 시금치 4장, 통후추(취향껏)

1 내열 그릇에 토마토파스타소스를 250g만 부어요.

2 그 위에 달걀 4개를 간격을 두고 깨뜨려 올려요.

3 나머지 토마토파스타소스는 노른자를 피해 드문드문 올리면서 흰자와 살짝 섞어요.

⊕ 이렇게 하면 달걀흰자가 소스와 섞여서 예쁜 에그인헬을 만들 수 있어요.

4 노른자 사이사이에 시금치를 한 장씩 올려요.

5 전자레인지에 6분 돌려요.

6 통후추를 뿌려 마무리해요.

Tip

① 노른자 반숙을 좋아하면 5분만 돌려요.

② 달걀노른자는 전자레인지에 넣기 전 젓가락으로 콕 찍어요. 그래야 노른자가 폭발하듯 터지지 않아요.

단호박크림스프

레스토랑에서 먹는 단호박크림스프!
섬유질이 많아 다이어트에도 좋아요.

- **사용 용기:** 내열 그릇
- **재료(2인분):** 손질 단호박 200g, 생크림 2/3컵(120ml), 우유 1컵(180ml), 소금 1/2작은술, 체더치즈 한 장, 버터 한 조각(20g)

1 손질된 단호박과 생크림, 우유, 소금을 믹서기에 넣고 갈아요.

2 내열 그릇에 1을 넣고 체더치즈와 버터를 넣은 뒤 전자레인지에 9분 돌려요.

3 숟가락으로 섞은 다음 통후추를 뿌려요.

Tip

① 손질 단호박은 언 채로 파는 경우가 많은데, 만들기 전날 냉장고에 넣어서 미리 해동해요.
② 칼로리가 신경 쓰이면 체더치즈와 버터를 빼고 만들어도 맛있어요.
③ 단호박은 최대한 곱게 갈아요.

순두부그라탕

탄수화물과 당은 제로!
단백질은 풍부한 부드러운 순두부그라탕!

- **사용 용기**: 내열 그릇
- **재료(1~2인분)**: 순두부 400g(한 봉), 당근 1/3개(40g), 모차렐라치즈 3큰술, 토마토파스타소스 1컵

1 당근은 얇게 채 썰어 둬요(채칼을 써도 좋아요).

2 순두부를 내열 그릇에 넣은 다음 숟가락으로 듬성듬성 자르고 당근을 위에 올려요.

3 토마토파스타소스를 2에 골고루 뿌리고 그 위에 모차렐라치즈도 뿌려요.

4 전자레인지에 4분 돌려요.

Tip

당근은 꼭 채 썰어서 올려 주세요. 그래야 4분 안에 익어요.

라따뚜이

7min

프랑스 대표 요리 라따뚜이! 다이어트와 건강은 말할 것도 없고,
손님 초대할 때 내면 깜짝 놀랄걸요?

- **사용 용기:** 내열 그릇
- **재료(4인분):** 가지 1개(130g), 애호박 반 개(130g), 알이 작은 파프리카 4개(150g), 토마토파스타소스 1.5컵(270ml), 모차렐라치즈 3큰술, 올리브오일과 통후추(취향껏)

---

1 가지, 애호박을 3mm 정도로 얇게 썰어요. 파프리카는 꼭지를 잘라서 안에 씨를 빼고 4~5mm 정도로 썰어요(씨는 빼지 않아도 상관없지만 먹을 때 씨가 씹혀요).

2 내열 그릇에 토마토파스타소스를 붓고 모차렐라치즈를 뿌려요.

3 2에 가지→애호박→파프리카 순으로 겹겹이 세워서 놔요.

4 전자레인지에 7분 돌려요.

5 채소를 꺼내 올리브오일과 통후추를 취향껏 뿌려요.

Tip

그라나파다노치즈를 강판에 갈아서 뿌려도 맛있어요.

PART 5.

3분 컷!
두고두고 먹는 저장 식품

오이피클

냉장고에 두고 한 달은 먹는 아삭하고 새콤달콤한 별미.

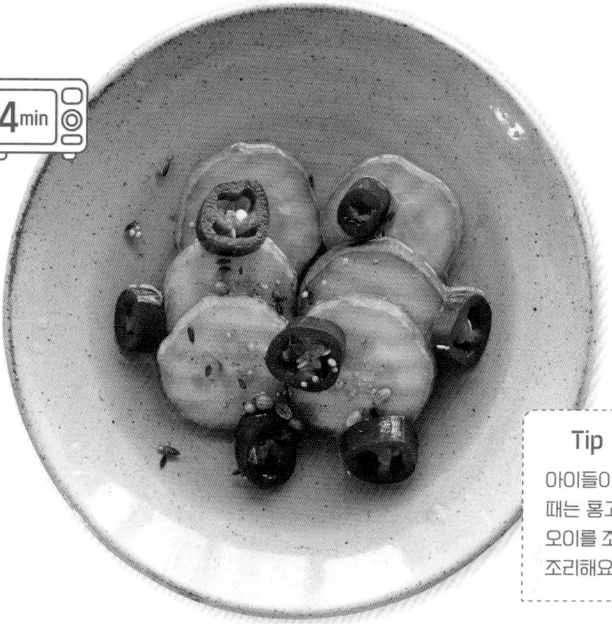

4min

Tip
아이들이 같이 먹을 때는 홍고추를 빼고 오이를 조금 더 넣어 조리해요.

- **사용 용기:** 내열 그릇, 내열유리 저장 용기(저는 Weck 580ml를 사용했어요)
- **재료(5회분):** 오이 1개(가는 것), 홍고추 1개, 물 1컵(180ml), 식초 1/2컵, 설탕 1/2컵, 피클링스파이스 1/2 작은술

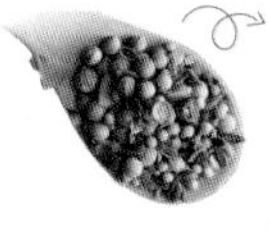

피클링스파이스: 올스파이스, 계피, 흑후추 등 피클 담을 때 쓰는 향신료예요.

1 오이를 3mm 정도로 얇게 썰어요.

2 오이피클 담을 용기에 물, 식초, 설탕, 피클링스파이스를 넣고 숟가락으로 잘 섞어 피클물을 만들어요.

3 랩을 위에 씌우고 젓가락으로 한두 군데 찔러 증기 구멍을 만들어요.

4 전자레인지에 4분 돌려요.

5 전자레인지에서 꺼내자마자 피클물이 뜨거운 상태에서 오이를 조금씩 넣어요.

6 상온에 반나절 두었다가 냉장고에 넣고 다음 날 먹어요.

무피클

매운 무, 이렇게 만들면 아이들도 좋아해요.

- **사용 용기:** 내열유리 저장 용기
- **재료(5회분):** 무 200g, 비트 한 조각(엄지손가락 한 마디 크기), 물 1컵, 식초 1/2컵, 설탕 1/2컵, 피클링스파이스 1/2 작은술

1 무를 1cm 두께로 썰어요.

2 물, 식초, 설탕, 피클링스파이스, 비트를 내열유리 저장 용기에 넣고 위에 랩을 씌워서 젓가락으로 증기 구멍 한 개를 뚫은 다음 전자레인지에 4분 돌려요.

3 전자레인지에서 꺼내자마자 무를 살살 집어넣어요.

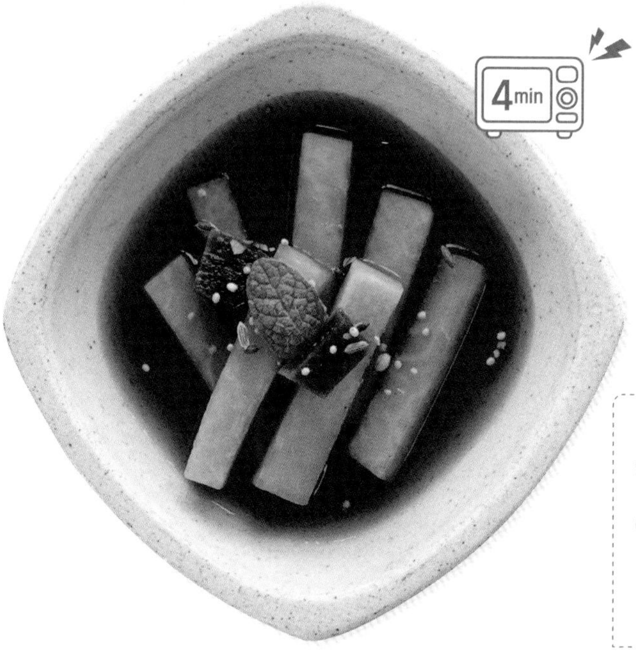

Tip

① 비트는 색깔을 내기 위한 용도예요.

② 남은 비트는 깍둑썰기 한 다음 냉동실에 두면 언제든지 꺼내 쓸 수 있어요.

고추장아찌

냉장고에 고추장아찌 하나만 있어도 든든해요.

- **사용 용기:** 내열 그릇 또는 내열유리 저장 용기
- **재료(5회분):** 청양고추 300g, 풋고추 150g, 간장 1컵, 식초 1컵, 설탕 1컵

1 내열 그릇이나 내열유리 저장 용기에 간장, 식초, 설탕을 넣고 섞어서 간장물을 만들어요.

2 전자레인지에 4분 돌려요.

3 그동안 청양고추와 풋고추의 앞 뒷면을 포크로 한 번씩 찔러서 준비해요.

4 전자레인지에서 뺀 간장물에 고추를 집어넣어요.

5 실온에 반나절 두었다가 냉장고에 넣고 먹으면 맛있어요.

Tip

청양고추가 너무 맵다면 풋고추나 오이고추로 해도 괜찮아요.

깻잎장아찌

대한민국 3대 밥도둑, 손쉽게 만들어 봐요.

- **사용 용기:** 내열 그릇
- **재료(5회분):** 깻잎 50g
- **양념:** 간장 6큰술, 설탕 1큰술, 물 6큰술, 올리고당 1큰술, 고춧가루 1큰술, 깨 1큰술, 참기름 1큰술, 다진 마늘 1큰술

1 양념 재료를 섞어 양념장을 만들어요.

2 내열 그릇에 깻잎을 넣고 양념장을 바르면서 하나씩 쌓아요.

3 전자레인지에 3분 돌려요.

Tip

양념은 깻잎 윗면에만 1/2작은술 정도로 적은 양만 발라도 돼요. 어차피 깻잎에서 물이 나와서 양념이 다 같이 어우러져요.

된장깻잎찜

할머니가 된장 장독에 깻잎을 콕 박았다가 꺼내 주시던 추억의 반찬,
이제 2분 만에 만들어 드세요.

- **사용 용기:** 내열 그릇
- **재료(5회분):** 깻잎 60g
- **양념:** 된장 1.5큰술, 멸치액젓 3큰술, 맛술 7큰술, 물 2큰술, 다진 마늘 1큰술

1 양념 재료를 섞어서 된장 양념을 준비해요.

2 내열 그릇에 깻잎을 넣고 양념장을 바르면서 하나씩 쌓아요.

3 전자레인지에 2분 돌려요.

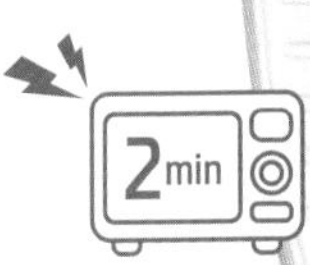

마늘장아찌

혈당 잡아 주는 마늘로 장아찌를 만들어 보세요.

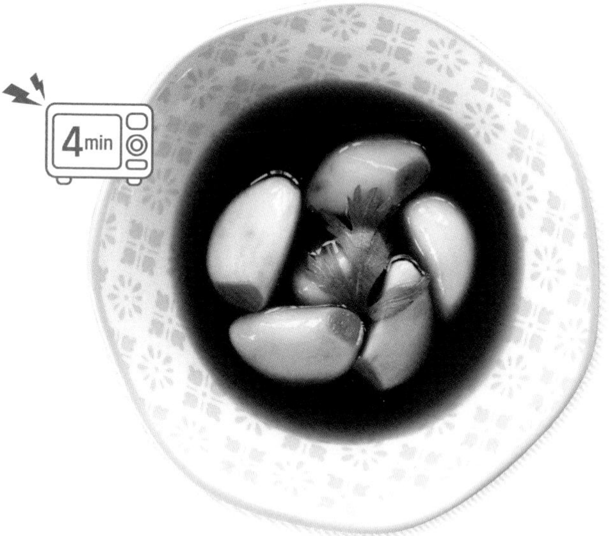

- **사용 용기:** 내열 그릇 또는 내열유리 저장 용기
- **재료(6회분):** 마늘 200g, 물 1컵(180ml), 간장 1/2컵, 식초 1/2컵, 설탕 1/2컵

1 내열 그릇이나 내열유리 저장 용기에 물, 간장, 식초, 설탕을 넣고 섞어 간장물을 만들어요.

2 전자레인지에 넣고 4분 돌려요.

3 간장물에 바로 마늘을 넣어요.

➕ 간장물이 뜨거우니 국자를 사용해서 넣어요.

Tip

처음에는 마늘이 뜰 수 있어요. 시간이 지날수록 마늘이 수분을 머금고 아래로 가라앉아요. 상온에서 식힌 다음 냉장고에 보관하세요.

미니새송이장아찌

쫄깃한 식감과 새콤달콤한 맛에 반할 거예요.

- **사용 용기:** 내열 그릇 또는 내열유리 저장 용기
- **재료(5회분):** 미니새송이 200g, 청양고추나 홍고추 1개, 물 1컵(180ml), 간장 1/2컵, 설탕 1/3컵, 식초 1/3컵(사과 식초는 특유의 향이 있으니 일반 식초를 사용해요)

1 미니새송이를 세로로 반 잘라요.

2 내열유리 저장 용기나 내열 그릇에 간장, 물, 설탕, 식초를 넣고 섞어 간장물을 만들어요.

3 전자레인지에 4분 돌려요.

4 간장물에 미니새송이를 넣은 다음 고명으로 고추를 올려요.

새우장

손이 가요 손이 가, 새우장에 손이 가요~!
새우장 만들기 참 쉽죠?

∘ **사용 용기:** 내열 그릇

∘ **재료(2인분):** 생새우 300g, 레몬 반 개, 양파 반 개, 청양고추 1개, 간장 1컵, 물 1.5컵(270ml), 설탕 1/3컵, 맛술 2/3컵

1 내열 그릇에 간장, 물, 설탕, 맛술을 넣고 섞어서 간장물을 만들어요.

2 전자레인지에 4분 돌린 다음 상온에서 식혀요.

3 그동안 새우의 긴 수염이나 다리 등 지저분한 부분을 떼어 내요.

4 간장물에 깍둑썰기한 양파, 얇게 썬 레몬, 1cm 길이로 통째썰기한 고추를 집어넣어요.

5 간장물이 완전히 식으면 새우를 넣고 냉장 보관했다가 3일 안에 드세요.

Tip

생새우가 구하기 힘들면 급랭한 새우를 냉동된 상태에서 한 번 씻은 다음 사용해도 좋아요.

양파장아찌

동그란 혈관 청소부 양파!
장아찌로 만들어 한 달을 두고두고 먹어요.

- **사용 용기:** 내열 그릇 또는 내열유리 저장 용기
- **재료(4회분):** 양파 300g(2알 정도), 물 1컵(180ml), 간장 1/2컵, 식초 1/2컵, 설탕 1/2컵

---

1 내열 그릇이나 내열유리 저장 용기에 물, 간장, 식초, 설탕을 넣어 간장물을 만들어요.

2 전자레인지에 4분 돌려요.

3 그동안 양파를 까서 깍둑썰기해요.

4 전자레인지에서 꺼낸 간장물에 양파를 넣어요.

Tip

냉장고에 넣을 수 있는 내열유리 저장 용기에 장아찌용 간장물을 만들어 보세요. 전자레인지 열에 의해 살균이 되므로 따로 열탕 소독을 하지 않아도 돼요.

연근피클

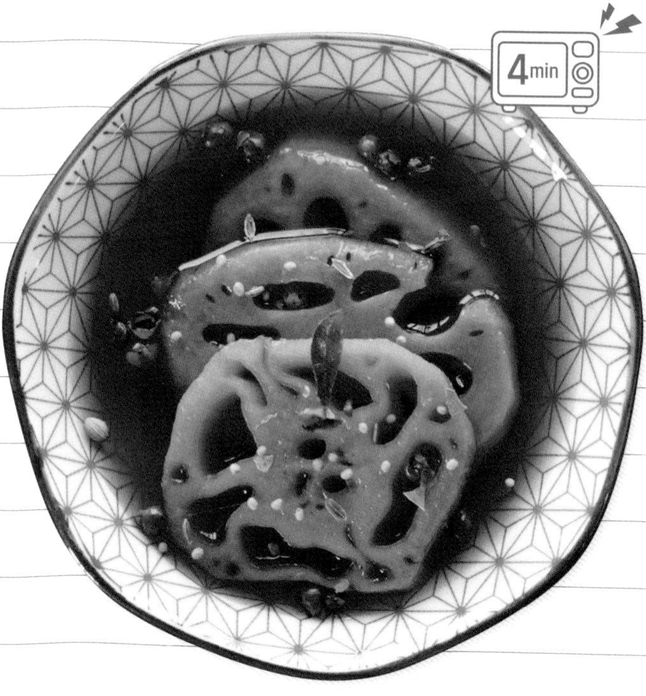

씹으면 아삭아삭, 노화 방지, 당뇨 개선,
배변 활동에 좋은 연근피클.

- **사용 용기**: 내열 그릇 또는 내열유리 저장 용기
- **재료(5회분)**: 연근채 200g, 비트 한 조각(손가락 한 마디 크기 정도-생략 가능), 피클링스파이스 1/2작은술, 물 2컵(360ml), 소금 1/2작은술, 식초 1컵, 설탕 1컵

---

1 내열 그릇이나 내열유리 저장 용기에 물, 소금, 식초, 설탕, 비트, 피클링스파이스를 넣고 숟가락으로 섞어 피클물을 만들어요(설탕이 다 녹지 않아도 돼요).

2 전자레인지에 4분 돌려요.

3 피클물에 연근채를 넣고 섞어요.

Tip

① 비트는 색을 내려고 쓰는 거니까 조금만 넣어도 돼요. 적은 양으로도 예쁜 색을 낼 수 있어요.
② 설탕 때문에 당이 걱정되면 알룰로스나 스테비아 같은 대체당을 써도 좋아요.

열무장아찌

열무로 장아찌를 담가도 맛있는 거 아셨어요?
이탈리아 음식과도 잘 어울려요.

- **사용 용기:** 내열 그릇 또는 내열유리 저장 용기
- **재료(5회분):** 열무 200g, 물 2컵(360ml), 간장 1컵, 식초 1큰술, 설탕 1큰술, 홍후추(생략 가능)

1 내열유리 저장 용기에 물, 간장, 식초, 설탕을 넣고 섞어 간장물을 만들어요.

2 전자레인지에 4분 돌려요.

3 그동안 열무를 5cm(손가락 길이 정도)로 잘라요.

4 간장물을 꺼내자마자 열무를 넣어요.

Tip

① 물이 많은 장아찌나 피클용 용기는 Weck 748 모델(항아리 모양)이 좋아요.
② 마지막에 홍후추를 넣으면 예쁘게 마무리돼요.

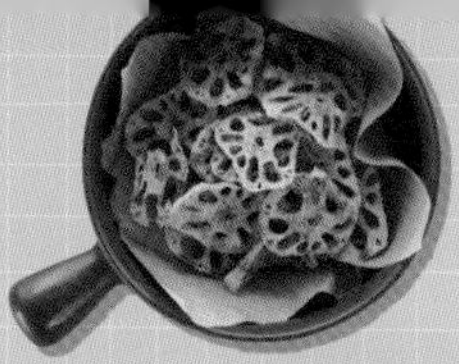

PART 6.

5분 컷! 분위기 내는 홈카페 디저트

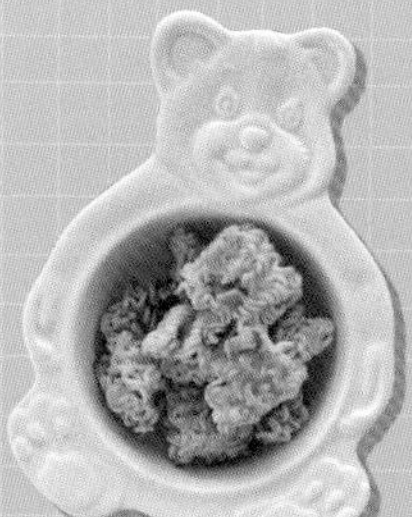

콘치즈

만만한데 맛있는 기본 간식, 집에서 간단하게 만들어요.

- **사용 용기:** 내열 그릇
- **재료(2인분):** 옥수수콘 통조림 한 캔(198g), 모차렐라치즈 4~5큰술, 마요네즈 4큰술, 설탕 1.5큰술, 파슬리가루 조금

1 옥수수콘 통조림의 물을 따라 내고 내열 그릇에 옥수수를 부어요.

2 마요네즈와 설탕, 옥수수를 섞고 그 위에 치즈를 올린 다음 파슬리가루를 조금 뿌려요.

3 전자레인지에 3분 돌려요.

* 과일 *

딸기모찌

사 먹으면 정말 비싼 딸기모찌, 집에서 양껏 만들어 먹어요.

- **사용 용기:** 내열 그릇
- **재료(2인분):** 딸기 6개(중간 크기), 찹쌀가루 2컵(260g), 옥수수전분 1컵, 양갱 3개, 찹쌀가루 2컵(가득 채워서), 설탕 4큰술, 소금 한 꼬집, 물 2컵(360ml)

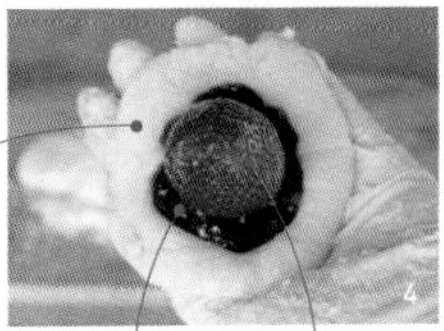

1 내열 그릇에 찹쌀가루와 설탕, 소금, 물을 넣고 섞은 다음 전자레인지에 2분 돌려요.

2 반죽이 뜨거운 상태에서 숟가락으로 반죽을 섞은 다음 5분 동안 식혀요.

3 손바닥에 옥수수전분 1/3을 묻히고 도마에 옥수수 전분 1/3을 뿌린 뒤 반죽을 늘려 6등분해요.

4 사진처럼 반죽→손으로 누른 양갱 반 개→딸기 순으로 올려요.

5 반죽을 위로 당겨서 딸기를 감싸고 끝부분을 꼬집듯 매듭지어요. 그러고는 손으로 가볍게 뭉쳐서 모양을 잡아요(남은 옥수수전분을 겉에 묻혀 가며 매끈하게 만들어요).

6 먹기 좋게 반을 잘라요.

Tip

반죽을 잡기 전 손에 옥수수전분을 충분히 묻히고 도마에도 뿌려 놔야 반죽이 들러붙지 않아요.

딸기 콩포트

⊕ 콩포트는 잼보다 과육이 잘 씹히고, 설탕이 적게 들어간 프랑스 전통 디저트예요.

우유에 타 먹으면 딸기라테,
요거트에 타 먹으면 딸기 요거트가 되는 과육 듬뿍 콩포트.

◦ **사용 용기:** 내열 그릇 또는 내열유리 저장 용기

◦ **재료(5회분):** 딸기 300g(냉동 딸기도 가능), 설탕 200g

Tip

① 설탕양은 조절할 수 있어요. 설탕양이 많을수록 보관 기간도 늘어요.

② 설탕 대신 알룰로스나 스테비아를 써도 괜찮아요.

1 내열 그릇에 딸기와 설탕을 담고 포크로 으깨면서 잘 섞어요.

2 전자레인지에 5분 돌려요.

딸기라테

우유에 딸기 콩포트 두세 숟가락 넣으면 금세 딸기라테가 완성돼요.

과일

블루베리 콩포트

요거트에 올려 먹으면 새콤달콤 맛있는 블루베리 콩포트.

- **사용 용기:** 내열 그릇 또는 내열유리 저장 용기
- **재료(5회분):** 블루베리 또는 트리플베리 300g(냉동 블루베리도 가능), 설탕 200g

---

1 내열 그릇에 블루베리와 설탕을 넣고 잘 섞어요.

2 전자레인지에 5분 돌려요.

Tip

콩포트는 잼보다 보관 기간이 짧으니 한 달 안에 먹는 게 좋아요.

블루베리 요거트

요거트만 먹기 밋밋할 때
블루베리 콩포트를 섞어 보세요.

라면땅

입이 심심할 때 이만한 간식이 없어요.

- **사용 용기:** 내열 그릇
- **재료(2인분):** 라면 1개, 라면스프 1/2개(취향껏), 마요네즈 1.5큰술, 설탕 2큰술

1 라면 위에 마요네즈와 설탕을 발라요.

2 전자레인지에 2분 돌려요.

3 먹기 좋은 크기로 부순 다음 위에 라면스프를 뿌려서 먹어요.

감자샐러드

포슬포슬하면서도 부드러운 감자샐러드, 숟가락으로 푹푹 떠 드세요.

- **사용 용기:** 내열 그릇
- **재료(4인분):** 감자 4개(큰 감자 기준), 마요네즈 2큰술, 머스터드 1큰술, 소금 1작은술, 후추 약간, 파슬리가루(생략 가능)

1 감자는 껍질을 깎아서 준비해요.
2 감자를 통째로 내열 그릇에 넣고 전자레인지에 8분 돌려요.
3 감자에 마요네즈, 머스터드, 소금을 넣고 숟가락으로 으깨면서 섞어요.
4 후추와 파슬리가루를 뿌려서 마무리해요.

Tip

삶은 달걀(끓는 물에 8분) 2개를 넣은 뒤 소금 한 꼬집을 넣고 으깨면 달걀 감자샐러드가 돼요.

8min

노밀가루 다이어트빵

No! 밀가루. 단백질 풍부한 아몬드가루로 만들어
다이어트 중에도 맛있게 먹을 수 있어요.

- **사용 용기:** 내열 그릇
- **재료(1인분):** 아몬드가루 3큰술, 달걀 1개, 베이킹소다 1/2작은술, 무가당요거트 3큰술, 스테비아시럽 1큰술(설탕 1큰술로 대체 가능), 아몬드 슬라이스 1작은술, 건포도 1큰술

1 내열 그릇에 준비한 재료들을 넣고 섞어요.

2 전자레인지에 3분 돌려요.

Tip

빵을 만들 때는 왼쪽 사진처럼 컵 모양 유리그릇이나 사기그릇을 사용하면 좋아요. 사진 속 제품은 Weck 370ml예요.

어묵과자

유통기한이 얼마 남지 않은 어묵.
그럴 땐 과자로 만들어요.

- **사용 용기:** 내열 그릇
- **재료(2인분):** 어묵 4장(240g)

1 어묵을 1cm 정도 폭으로 골패썰기해요.

2 종이호일 위에 어묵을 겹치지 않게 올리고 전자레인지에 6분 돌려요.

Tip

5분 정도 식히면 과자처럼 바삭바삭해져요. 어묵을 너무 두껍게 썰면 먹을 때 입이 아프기 때문에 얇게 썰어요.

무염 연근과자

염증 치료, 니코틴 제거, 치매 예방 등 건강에 좋은 연근으로
과자를 만들어 수시로 먹어요. 약이 필요 없어요.

- **사용 용기:** 내열 그릇
- **재료(2인분):** 연근 300g
- **준비물:** 젓가락 2~3개

2

1 필러로 연근 껍질을 깎고 2mm 정도로 얇게 썰어요.

2 사진처럼 젓가락에 끼어 밧드에 걸쳐요.

3 전자레인지에 5분 돌리고 꺼내 30초 동안 식혀요. 이 과정을 두 번 더 반복해요.

Tip

연근채를 사서 쓰더라도 한 번 더 썰어서 얇게 만들어요.

인절미

전자레인지로 인절미도 만들 수 있다니, 놀랍지 않나요?

- **사용 용기:** 내열 그릇
- **재료(2인분):** 찹쌀가루 꽉 채워서 2컵(260g), 물 1.5컵(270ml), 콩가루 1~2큰술, 미숫가루 1큰술, 설탕 1/2큰술

1 내열 그릇에 물을 넣고 전자레인지에 1분 돌려요.

2 물이 뜨거울 때 찹쌀가루를 넣고 잘 풀어 준 뒤 전자레인지에 4분 돌려요.

3 숟가락으로 서너 번 휘저어 식혀요.

4 도마에 콩가루, 미숫가루, 설탕을 골고루 뿌린 다음 손에 콩가루를 묻혀 반죽을 길쭉하게 만들어요.

5 아래 사진처럼 모양을 잡아 도마 위에 올리고 먹기 좋은 크기로 썰어요.

Tip

내열 그릇에 물을 먼저 데워서 익반죽해야 떡이 더 쫀득해져요.

치즈과자

아기 간식으로도 좋은 건강하고 맛있는 과자예요.

- **사용 용기:** 내열 그릇
- **재료(1~2인분):** 슬라이스 치즈 2~3장

1 냉장고에서 꺼낸 슬라이스 치즈를 칼등으로 눌러 9등분해요.

2 종이호일 위에 자른 치즈를 살살 뜯어서 간격을 두고 올려요.

3 전자레인지에 1분 30초 돌려요.

Tip

① 전자레인지에서 꺼낸 다음 5분 정도 식혀야 바삭해져요.
② 치즈 사이에 꼭 간격을 두어요. 그렇지 않으면 녹으면서 서로 붙을 수 있어요.

전자레인지 레시피 꿀 조합

토마토파스타 p.57

10분

오이피클 p.131

4분

특별한 게 당길 때

토마토 몸에 좋은 거 말해 뭐해요. 토마토는 비타민과 무기질, 항산화 물질이 있어 세포 노화를 막는 10대 슈퍼푸드예요. 이렇게 좋은 토마토와 오이가 궁합이 좋대요. 고소하고 꾸덕한 파스타를 원한다면 크림파스타(p.56)와 무피클 (p.132)도 추천합니다.

건강하게 먹고 싶을 때

콩나물에는 양질의 섬유소가 들어 있어서 숙변을 제거하고, 장을 튼튼하게 해 줘요. 또한 비타민 C와 아스파라긴산이 있어서 숙취에도 좋답니다. 콩나물밥에 브로콜리무침을 곁들여 먹어 보세요. 콩나물에는 이소플라본, 브로콜리에는 설포라판이 있는데, 두 채소를 함께 먹으면 항암효과를 높여 준대요.

브로콜리무침 p.101

4분

콩나물밥 p.53

6분

떡국 p.68

6분

참치김치볶음 p.110

6분

배고픈데 입맛 없을 때

배는 고픈데 입맛 없을 때 심심한듯 포만감이 느껴지는 떡국이 딱이에요. 떡국 떡은 쌀가루로 만들어 소화에도 좋지요. 또한 떡국에 달걀과 파를 넣기 때문에 단백질과 비타민도 챙길 수 있어요. 떡국만 먹기 심심할 때는 짭조름한 참치김치볶음을 함께 먹어 보세요.

해산물이 당길 때

연어는 오메가-3 지방산이 들어 있어 고혈압, 동맥경화 등 혈관 질환을 예방하는 효능이 있어요. 또한 집중력과 기억력을 높이는 효과도 있어서 뇌에도 좋은 식품으로 알려져 있지요. 사케동과 일본식 된장으로 끓인 미소국을 함께 먹으면 심야식당 부럽지 않은 메뉴가 된답니다.

사케동 p.121
4분

미소국 p.71
6분

노밀가루 다이어트빵 p.156
3분

딸기라테 p.151

다이어트 중 간식 당길 때

아몬드는 불포화지방산과 비타민 E, 철분, 식이섬유가 풍부해 다이어트 중 피부까지 챙길 수 있는 좋은 음식이에요. 고소한 아몬드가루로 만든 노밀가루빵에 상큼하고 달달한 딸기라테는 그야말로 꿀 조합이에요. 아이들 영양 간식으로도 손색없답니다.

국밥 먹고 싶을 때

뜨끈한 국밥 당기는 날! 집에서 해 먹기 어렵다고 생각했던 순댓국 간편하게 해 먹어 보세요. 순대는 고단백질 식품으로 칼슘과 인 함량이 높아 뼈 건강에 좋아요. 또한 철분이 있어서 빈혈에도 좋지요. 순댓국 먹을 때 양파를 함께 먹으면 순대의 느끼함을 잡아 주어 좋아요.

순댓국 p.74
6분

양파장아찌 p.140
4분

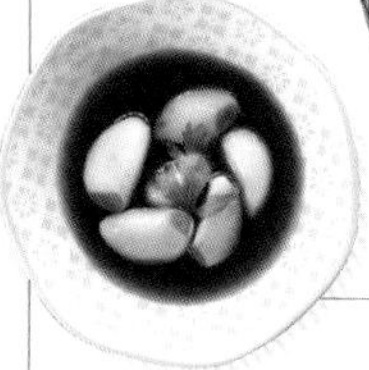

훈제 오리 양배추찜 p.122

5분

마늘장아찌 p.136

4분

더울 때 먹는 보양식

오리는 단백질이 풍부하고 지방이 적어 다이어트 요리, 보양식으로도 으뜸이에요. 또한 마늘은 강한 향을 제외하고 100가지 이로움이 있다고 해서 '일해백리'라고 부르기도 해요. 정력과 기운을 주고, 암 예방에 도움이 되기도 하지요.

아플 때 찾게 되는 죽 한 그릇

참치에 있는 아미노산은 피로를 해소하고 체력을 키우는 데 도움이 돼요. 몸이 아프거나 기운 차리고 싶을 때 불 앞에서 애쓰지 말고 간편하게 참치야채죽을 만들어 보아요. 반찬으로 꽈리고추 메추리알조림도 좋아요. 꽈리고추는 혈관을 건강하게 하고 식욕을 돋우는 효과가 있답니다.

참치야채죽 p.52

9분

꽈리고추 메추리알조림 p.92

8분

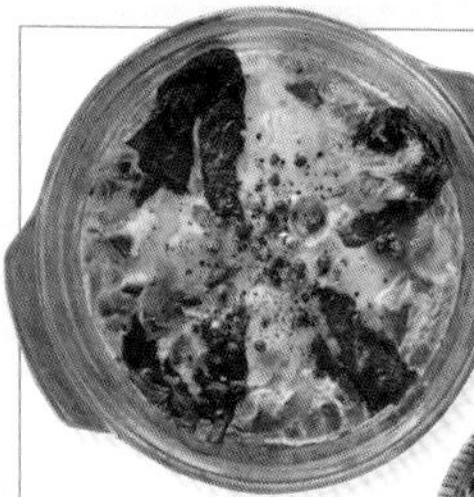

에그인헬 p.124

6분

고구마 p.18

9분

건강하고 맛있는 다이어트식

다이어터라면 빼놓을 수 없는 달걀! 하지만 매번 삶아 먹으면 지겨워요. 단백질 풍부한 달걀과 비타민, 철분, 식이섬유가 가득한 시금치를 함께 먹으면 완벽한 다이어트식이 되지요. 에그인헬만 먹기 허전하다면 적당한 탄수화물과 식이섬유가 풍부한 고구마를 곁들여요.

손님 초대 메뉴판

생일상 또는 집들이

굴미역국 7분
p.66

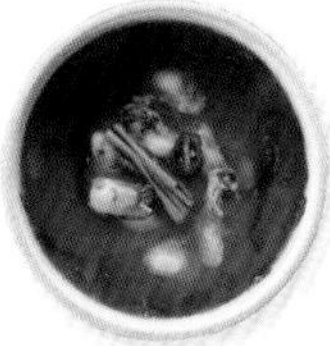

잡채 7분
p.26

보쌈과 무김치 10분
p.32

간단하지만 우아한 브런치

블루베리 요거트
p.153

연어파피요트 8분
p.120

버섯리소토 7분
p.58

아이에게 인기 만점

데리야키 닭날개구이
7분 p.22

치즈과자 1분 30초
p.161

국물떡볶이 10분
p.40

겨울 추천 메뉴

감바스 5분
p.42

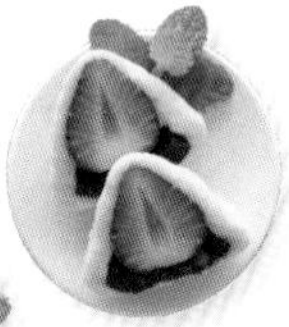

딸기모찌
2분
p.148

밀푀유나베
8분
p.118

시간대별
레시피 모음

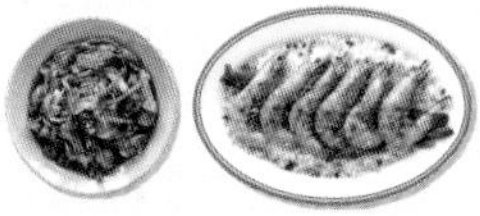

찾아보기

마치는 글

어느 날 댓글에 '영상으로 일일이 찾아보기 어려울 때가 있어요.
언제나 곁에 두고 볼 수 있는 책이 나왔으면 좋겠어요.'라고 말씀 하시기에,
겁도 없이 책을 만들기 시작했습니다.

책을 만들면서 영상과는 달리 망친 요리도 많았습니다.
실제로 책에 실린 요리는 이 책을 위해 개발했던 요리 중 70%밖에 되지 않습니다.

그런데도 책을 마치는 지금 그간의 고생이
행복한 추억으로 바뀔 수 있었던 까닭은

혼자 사는 분
몸이 불편한 분
아이들 키우느라 지친 육아맘
아이 혼자 밥을 먹게 해야 하는 맞벌이 부부
이제 막 요리를 시작하는 분 등

요리 때문에 힘든 분들에게
도움될 거라는 믿음 때문입니다.

무더운 여름,
요리가 좀 더 쉬운 일이 되어
책을 보시는 분들이 행복하길 바라며
감사를 담아 올립니다.

따뜻한 여사의 5분 컷
전자레인지 레시피 100

초판 1쇄 발행 2024년 8월 10일
초판 4쇄 발행 2024년 10월 8일

지은이 따뜻한 여사 김수림
펴낸이 김영조
편집 김시연 | **디자인** 정지연 | **마케팅** 김민수, 조애리 | **제작** 김경묵 | **경영지원** 정은진
펴낸곳 싸이프레스 | **주소** 서울시 마포구 양화로7길 44, 3층
전화 (02)335-0385 | **팩스** (02)335-0397
이메일 cypressbook1@naver.com | **홈페이지** www.cypressbook.co.kr
블로그 blog.naver.com/cypressbook1 | **포스트** post.naver.com/cypressbook1
인스타그램 싸이프레스 @cypress_book | 싸이클 @cycle_book
출판등록 2009년 11월 3일 제2010-000105호

ISBN 979-11-6032-229-3 13590